U0242966

我的小小科学实验室

91 个小实验让孩子
从小爱科学

少儿科学实验全知道

〔韩〕梁一镐／编著　　邢青青／译

3

北京联合出版公司
Beijing United Publishing Co.,Ltd.

作者的话

不去直接体验或者观察也能探索到事情真相吗？

科学是通过合理的思考过程来了解自然现象的一门学科。在科学中所使用的探索式方法，由于最受人们信赖，所以它与科学的思考方式一起，不仅成为科学，而且成为所有学问和人类日常生活必须具备的素养。培养科学的态度也是所有人类，必须具备的素养。

科学指的不仅是科学家们所形成的知识体系，还包含了科学家们为探索自然所进行的一系列活动。因此，在科学教育中，面对科学的正确态度和对科学本质的正确理解也十分重要。特别是近年来，随着科学对社会的影响越来越大，理解科学与社会之间有着什么样的关系，科学对于解决社会上存在的一些问题有什么样的帮助等等，也变得越来越重要。

小学科学教育的重点应该放在通过对科学本质的了解，对基本科学概念的了解，以及简单的实验活动，来形成对科学的正确认识和应有的正确态度。

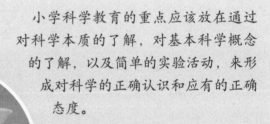

因此，《少儿科学实验全知道③》中分阶段详细描述了小学高年级科学教科书中出现的各种实验。笔者相信，只要按照本书的内容进行实验，不仅可以轻松地理解教科书中的实验，还能够培养小朋友独立探索的能力。就像《少儿科学实验全知道①》和《少儿科学实验全知道②》为小朋友们在学习教科书中出现的各种实验活动提供了许多帮助一样，希望这本《少儿科学实验全知道③》也能对广大少年儿童有所帮助。

本书通过重要概念、实验条件、实验方法、实验准备物品、实验结果、科学小故事等，向大家详细说明了教科书中需要学习的核心内容。本书还通过"科学家的眼睛"为想要深入了解相关知识的小朋友答疑解惑。

希望《少儿科学实验全知道③》可以让更多的小朋友了解科学，喜欢科学，产生学习科学的兴趣。

梁一镐
2010年2月

目录 91个小实验让孩子从小爱科学

标题

　　这个标题告诉了我们本章节学习的主题。

核心内容

　　注明了与标题有关的核心内容，在这里可以知道我们到底需要了解些什么。

探索要素

　　以符号的形式告知大家在进行观察、预想、分类和控制变量等探索活动时需要知道的探索要素。

气体和体积

气体有什么样的性质呢？对气体施力或者温度升高时，气体的体积又会有哪些变化呢？

- 18　制作简易氢气球
- 19　热胀冷缩的塑料瓶
- 20　观察对气体施力时的体积变化——注射器
- 21　观察对气体施力时的体积变化——塑料瓶
- 22　温度高低与气体体积大小的关系
- 23　日常生活中气体热胀冷缩的实例

18　实验　制作简易氢气球

　　氢气、氦气、氢气等气体的重量都一样吗？我们用嘴吹起来的气球会落在地面上，那么什么样的气球会飘浮在空中呢？下面让我们利用气体的性质制作简易氢气球吧。

准备材料：氢气，气球，线，一字夹，纸杯，透明胶带

①向气球中适当地充入氢气，将气球的口封住。

②将纸杯和气球用线连在一起，并用胶带固定。

③用一字夹调节纸杯的重量，放飞气球。

通过实验得出的结论　我们用嘴吹起来的气球会掉落在地面上，而充满氢气的气球会长时间飘浮在空中。这是因为我们用嘴吹起来的气球里的气体比空气重，而氢气比空气轻。也就说，氢气比空气轻，有上浮的性质。如果调整好氢气球的大小和纸杯的重量，就可以成功制作出简易氢气球。用气球装饰房间的时候，气球里边不是空气，而是氢气，只有这样，气球才能飘到天花板上。

氢气的性质　由于氢气比空气轻，所以经常用于装饰和做广告气球。虽然氢气很轻，但是氢气不稳定，很容易爆炸，所以人们更多地使用安全性较高的氦气。而且由于氢气不溶于血液，所以经常混合在潜水员的氧气筒中为一氧化碳中毒患者提供的氧气中。但是氢气比空气分子小，很容易从气球中逃脱，所以我们经常看到的氢气球过一段时间后自己掉在了地上。

潜水服上的氧气筒

广告用气球

38　少儿科学实验全知道 ③

6　实验　让溶于水的食盐重新现身

　　水中的食盐溶解后，我们无法用肉眼发现它。那么我们通过什么方式可以发现水中的食盐呢？下面，我们通过实验来寻找盐水中的食盐吧。

准备材料：蒸发皿，食盐，烧杯，皮氏培养皿，酒精灯，三脚架，铁丝网，点火器，试验用手套，保护镜

加热盐水发现食盐

①把食盐放入盛水的烧杯中，制作食盐溶液。

②在蒸发皿中倒入少量盐水，然后放在酒精灯上加热。

▲可以看到蒸发皿上有食盐。

注意　通过对盐水加热获取食盐所需要的时间，因盐水的浓度不同而有所不同。在加热过程中，食盐有可能崩裂，所以一定要戴上保护镜。

蒸发盐水发现食盐

①把食盐放入盛水的烧杯中，制作食盐溶液。

②把少量盐水倒入培养皿中，将培养皿放在向阳处。

▲水被蒸发后，培养皿上有食盐出现。

通过实验得出的结论　盐水是以水为溶剂，盐为溶质的溶液。为了确认盐水中食盐的存在，需要通过蒸发水分的方法，将食盐和水分离。当水蒸发后，溶液中就只剩下溶质，即可以发现食盐。

在盐场提炼海水中的盐分　海水中虽然含有许多盐分，但同样含有氯化镁等其他物质。在阳光充足，雨量较少的海边建造盐场，把海水存在盐场，通过蒸发的方式可以获取盐分。

在盐场提炼盐分的场景

溶解与溶液　21

探索活动编号和分类

　　本书对每个主题都进行了编号，并按照实验、观察和调查进行了分类。

科学家的眼睛

　　在这里可以深入学习与探索活动有关的扩充知识和概念。

需要知道的知识点

　　通过实验、观察和调查能够了解到的知识都在这里进行了整理和总结。

索引

两个领域的分类和大标题出现在这里。

科学广场

每个主题结束时都会有一个科学广场环节。在这里可以学习到与大标题有关的知识或者有趣的科学常识。

注意

告知在进行探索活动时需要注意的内容。

 说明

1. 实验活动主题的选定

为了决定《少儿科学实验全知道③》中实验活动的主题，首先对教科书中的所有实验和观察能力进行了筛选和整理，然后将选定的内容分为了生命、地球和宇宙两大部分。

2. 实验活动主题的排列和标记

本书一共分为生命、地球和宇宙两大部分，将相似内容的实验活动排列在一个领域中。实验活动的种类分为实验、观察和调查三种，为大家提供了实验的方向。

3. 实验过程技能的构成

本书以修订版教科书的活动目标为基础，将需要孩子具备的技能分为观察、推理、分类、变量统一、提出问题、得出结论、测量、沟通、预测、资料转换和解释、假设、一般化等几种，并通过图标的方式标记出来。

实验观察大揭秘

● 什么是探索方法？

虽然了解科学知识非常重要，但更重要的是了解验证科学的方法。科学探索的方法有很多种，但是其中有一部分的过程是通用的。这就是所谓的"探索过程"。在本书中强调的探索要素如下所示。

 观察

这是探索过程中最基本的一个阶段，指的是使用我们所有的感官和工具（显微镜、望远镜等）来获取知识，了解问题的过程。

 推理

对观察到的内容进行解释说明的阶段。

例：在盛有冰水的玻璃杯表面凝结的小水滴，既可以推理为空气中的水蒸气，也可以推理为空气中的氧气和氢的结合产物。

分类

根据一定的目的，按照事物的共同点或者一定条件将事物区分开来。

例：有翅膀：蝴蝶，猫头鹰；没有翅膀：老虎，人。

变量统一

确认对实验、调查产生影响的各种条件，除了实验需要验证的条件，将其他条件变量统一起来。

例：在比较花园的泥土和运动场泥土的腐殖度时，将除了土壤种类以外的诸如土壤的数量、水的重量等条件统一起来。

 提出问题

对于用自己固有的知识无法解释说明的现象，经过观察后提出疑问。

例：在看到自家旁边种的西红柿上有蚜虫，生菜上没有蚜虫后，提出这样的问题："为什么生菜上不生蚜虫呢？"

 得出结论

这是对探索实验过程进行整理的阶段，是判断自己做出的假设是否正确的过程。

 测量

使用尺子、温度计等工具进行数据测量的活动。

例：用尺子测量拉长的弹簧长度。

 沟通

向朋友们讲述实验内容，相互交流自己的想法。

例：做一个以"火山的危害"为主题的发表，并讨论火山有没有对人类有益的方面。

预测

根据观察或者测量的内容，事先推测将来会发生的事情。

例：先用手大体估计物体的重量，再用秤进行测量确认。

资料转换和解释

资料转换是记录测定的结果，将记录的资料通过图表的方式表现出来，以方便解释说明。

资料解释是分析获得的资料，通过预测或推理的方式寻找资料中蕴涵的意义或隐藏的关系。

 假设

为自己提出的疑问寻找一个临时性的答案。

例：对于"为什么生菜上不生蚜虫呢？"这一疑问，找出一个答案，如"生菜上可能含有一种蚜虫讨厌的成分吧。"

 一般化

通过多种实验获得实验结果，发现实验结果中的一些规律，从中得出科学原理或法则。

● 什么是自由探索？

　　"自由探索"简单说来就是要求学生独立"选定探索主题、进行探索、书写报告、发表报告"，也就是由学生主导的探索学习。自由探索大体上可以分为以下6个阶段。

第1阶段　主题选定和组成小组

　　学生对老师给出的大主题进行集体讨论。
　　学生们说出自己想要探索的小主题，主题相同的学生组成一组。

第2阶段　制订探索计划

　　为了顺利完成探索活动，小组成员对于选定的主题制订计划。如"谁做什么？""想要了解什么内容？""必要的信息要从哪里获取？"等计划。

第3阶段　进行探索与中期检查

　　收集、分析获取的信息，得出结论，并对信息的整理情况，报告书的内容进行交换和讨论。

第4阶段　制作最终报告书

　　按照收集的信息和小组成员讨论得出的结论制作最终报告书。其中要包含主要的意见、收集到的信息和资料的出处以及资料收集的方法。

第5阶段　发表报告书

　　对完成的报告书进行发表。
　　发表可以通过视听资料、讨论、图画、小测试等方式进行。

第6阶段　评价

　　对于探索活动进行评价。评价内容除了要包括探索主题、程序、创意性、参与程度、发表方式，还应该将学生在探索活动中的主动性作为评价的一个重点。

物质

start!

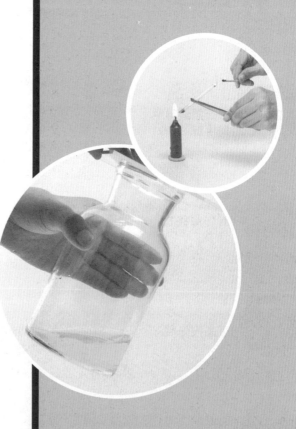

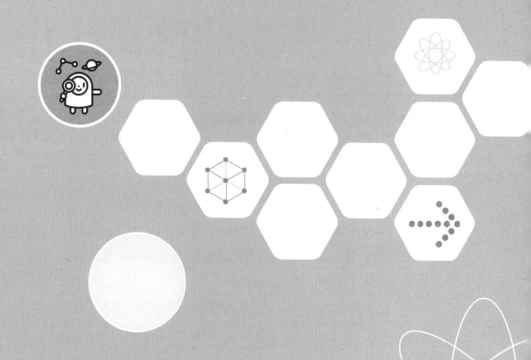

　　"物质"是一门研究物质的性质、构造和变化的自然学科。与"能量"不同，它研究的是物质本身。而且还会利用现存的物质制造全新的物质。下面让我们一起来了解我们身边有哪些物质吧。

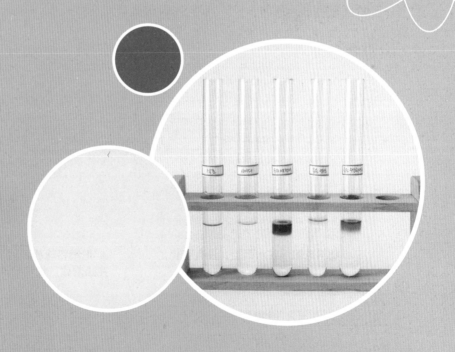

溶解与溶液

将固体放在日常生活常用到的液体中会怎么样呢？
物质溶化的时候有什么现象发生呢？

1 实验　塑料球的液体漂浮实验

在我们平时使用的液体中加入砂糖、食盐、沙子等物质会怎么样呢？在水和丙酮这两种液体中分别加入塑料球，观察有什么现象发生。

准备材料 水，丙酮，烧杯，塑料球，实验用手套，保护镜

①准备两个烧杯，分别加入相同量的水和丙酮。

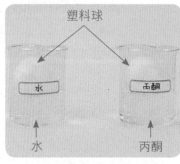

②在水和丙酮中分别加入塑料球，然后观察。

注意 丙酮是一种典型的易燃物质，必须在通风处佩戴防护眼镜和实验用手套使用。另外，还要注意直接接触丙酮会给皮肤带来伤害。实验结束后应通过废物处理装置将丙酮处理好。

结果

▲ 塑料球飘浮在水面上，没有变化。

▲ 把塑料球放入丙酮的瞬间，塑料球就开始溶化。烧杯的底部有异物。

通过实验得出的结论 把塑料球分别放在水和丙酮中后，放在水中的塑料球没有任何变化，而放在丙酮中的塑料球迅速溶化。因此，即使是相同的物质，在不同的液体中，可能溶化，也可能不溶化。

将不同量的白砂糖、黄糖和黑红糖放在水中，利用糖水的浓度堆糖水塔。

准备材料　烧杯，白砂糖，黄糖，黑红糖，实验用手套，药匙，保护镜，试管，皮氏培养皿，玻璃吸管

物质·溶液

溶解不同量砂糖的水

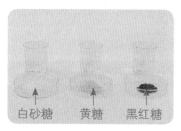

白砂糖　黄糖　黑红糖

结果

白糖水　黄糖水　黑糖水

①准备三个烧杯，倒入相同量的水，准备20匙白砂糖，10匙黄糖和3匙黑红糖。

②将三种糖分别放入烧杯中，搅拌至溶化后，比较三者的颜色深度。

▲ 白糖水像水一样透明，黄糖水颜色为浅浅的土黄色，黑糖水为深色。

用糖水堆塔

←玻璃吸管

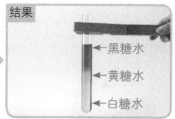

结果

←黑糖水
←黄糖水
←白糖水

③将上面三种糖水依次放进试管中。

▲ 白糖水在底层，黄糖水在中间，黑糖水在最上层。

注意　在把糖水放入试管中时，为了不使糖水受到冲击，以致糖水颜色混合在一起，一定要小心翼翼。我们可以将糖水顺着试管的壁慢慢流进去，也可以用玻璃吸管将糖水滴进试管中。

通过实验得出的结论　溶于水的砂糖数量不同，砂糖水的浓度也不同。实验结果表明，糖水越浓，相对就会越沉，然后下降到底部。糖水的浓度会导致分层的产生。

科学家的眼睛

你会制作彩虹塔吗？

在透明的玻璃杯或试管中，可以做色彩缤纷的彩虹塔。这也是利用糖水的浓度制作而成的。在相同量的水中分别放入几种不同量的砂糖后，在各个糖水中加入颜色不同的色素，可以制作出颜色和浓度不同的糖水。将各种糖水小心地放入玻璃杯或试管中，糖水浓度越高，就越会往下沉，色彩缤纷的糖水层就形成了。不过，在制作彩虹塔时要注意，只有糖水间的浓度差异越大，分层才会越明显。除了糖水，我们还可以用盐水来制作彩虹塔。用糖水制作的彩虹塔，在经过一段时间后，颜色会全部混在一起。

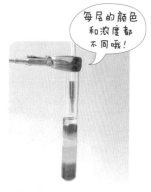

每层的颜色和浓度都不同哦！

利用糖水的浓度制作而成的彩虹塔

我们在生活中会将食盐、砂糖、咖啡、面粉、洗衣粉等各种粉状物品放在水中使用。下面让我们将几种粉状物质（砂糖、柠檬酸、碳酸钙、萘）分别放在水和丙酮中，观察它们的变化。

准备材料 带盖的玻璃瓶（药水瓶），砂糖，柠檬酸，碳酸钙，萘，水，丙酮，药匙，实验用手套，保护镜

放入水中的几种粉状物质的变化

①在四个相同的玻璃瓶中倒入相同量的水。

②分别在瓶中放入一药匙的砂糖、柠檬酸、碳酸钙和萘。拧紧瓶盖摇晃，观察它们的变化。

放入丙酮中的几种粉状物质的变化

①在四个相同的玻璃瓶中倒入相同量的丙酮。

②分别在瓶中放入一药匙的砂糖、柠檬酸、碳酸钙和萘。拧紧瓶盖摇晃，观察它们的变化。

〈放入水和丙酮中的粉状物质的变化〉

种类	砂糖	柠檬酸	碳酸钙	萘
水	溶于水，无色透明。	溶于水，无色透明。	几乎不溶解，沉在瓶底。	不溶于水，沉在瓶底。
丙酮	几乎无溶解，沉在瓶底。	易于溶解，有部分沉在瓶底。	几乎不溶解，沉在瓶底。	溶解彻底，看不到萘。

〈溶于水和丙酮的粉状物质〉		〈不易溶于水和丙酮的粉状物质〉	
溶于水的粉状物质	溶于丙酮的粉状物质	不易溶于水的粉状物质	不易溶于丙酮的粉状物质
砂糖，柠檬酸	柠檬酸，萘	碳酸钙，萘	砂糖，碳酸钙

溶解和溶液

砂糖：溶质
水：溶剂
糖水：溶液

砂糖 ＋ 水 —溶解→ 糖水

◀ 把砂糖放在水中，砂糖会均匀溶于水中。就像砂糖溶于水一样，有两种物质相互混合的现象被称为溶解。像糖水一样，有两种物质混合产生的液体被称为溶液。砂糖这种被水溶解的物质叫作溶质，水这种将其他物质溶化的液体叫溶剂。我们生活中常见的溶液有香水、芳香剂、漱口水、平衡盐溶液等。

通过实验得出的结论 有的物质能溶于水，却不一定能溶于丙酮。与之相反，有的物质不溶于水，却能溶于丙酮。也就是说，溶剂不同，能够溶化的溶质也不同。

科学家的眼睛

柠檬酸，萘，碳酸钙

柠檬酸又名枸橼酸，存在于植物果实或种子中，有酸味，通常用于提炼酸味。萘是制作防臭剂、防虫剂的原料，是一种能由固体变为气体的物质。碳酸钙是制作水泥的主要原料，存在于大理石、石灰石、贝壳、鸡蛋壳中。

固体状态和气体状态的溶液

提到溶液我们就会想到像糖溶于水一样，固体和液体相混合的物质，但溶液与物质的状态无关，只要是两种或两种以上的物质均匀混合在一起，都是溶液。例如，由固体和固体混合在一起的18K（纯金＋金属物）戒指或者黄铜（铜＋锌），由液体和气体混合的碳酸饮料（水＋二氧化碳），以及由氮气和氧气等各种气体混合形成的空气。

18K戒指

黄铜器具

碳酸饮料

空气

如何分辨两个烧杯中无色无味的溶液的浓度？
下面让我们一起来学习比较溶液浓度的方法吧。

> 准备材料　白砂糖，黑红糖，烧杯，玻璃棒，鹌鹑蛋或小西红柿，药匙，实验用手套，保护镜

比较黑糖溶液的浓度

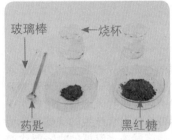

玻璃棒　←烧杯
药匙　黑红糖

① 在两个烧杯中倒入同量的水。准备不同量的黑红糖。

② 其中一个烧杯中加入5匙黑红糖，另一个烧杯中加入10匙黑红糖。用玻璃棒搅拌均匀，从颜色深浅比较溶液浓度。

结果

黑红糖5匙　　黑红糖10匙

▲ 两个烧杯中，黑红糖更多的一个颜色更浓。

比较白糖溶液的浓度

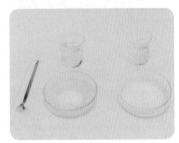

① 在两个烧杯中倒入同量的水。准备不同量的白糖。

② 其中一个烧杯中加入5匙白糖，另一个烧杯中加入10匙白糖。用玻璃棒搅拌均匀，从颜色深浅比较溶液浓度。

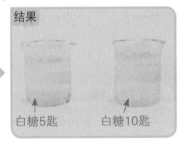

结果

白糖5匙　　白糖10匙

▲ 溶液都无色无味，通过颜色很难比较出溶液的浓度。

在黑糖溶液中加入鹌鹑蛋

黑红糖5匙　　黑红糖10匙

① 在加入5匙黑红糖和加入10匙黑红糖的烧杯中，分别放入一个鹌鹑蛋。观察鹌鹑蛋的下沉程度。

结果

5匙黑红糖的烧杯中：鹌鹑蛋下沉到杯底。

10匙黑红糖的烧杯中：鹌鹑蛋上浮。

▲ 鹌鹑蛋的下沉程度因溶液的浓度变化而不同。

在白糖溶液中加入鹌鹑蛋

白糖5匙　　　白糖10匙

① 在加入5匙白糖和加入10匙白糖的烧杯中，分别放入一个鹌鹑蛋。观察鹌鹑蛋的下沉程度。

结果

5匙白糖的烧杯中：
鹌鹑蛋下沉到杯底。

10匙白糖的烧杯中：
鹌鹑蛋上浮。

▲ 鹌鹑蛋的下沉的程度因溶液的浓度变化而不同。

通过实验得出的结论　在黑糖水中，黑红糖的量越多，溶液的颜色越深。而在白糖水中，白糖水都是无色无味的，无法判定白糖量的多少。面对这种难以通过颜色判断浓度的情况，可以将鹌鹑蛋或小西红柿等放在溶液中，通过观察其下沉程度，判断溶液的浓度。溶液浓度越高，鹌鹑蛋或小西红柿等物体越往上浮。

科学家的眼睛

溶液的浓度

溶液的浓度，指的是溶液的黏稠度，也就是说溶液中溶质的含量高低。比较溶液的浓度，应该在溶剂量一致的情况下，比较溶质的量。浓度一般用**百分浓度**（%）来表示，百分浓度指100g溶液中含有多少克的溶质。

死海（Dead Sea）的秘密

溶液的浓度一般用百分比（%）表示，而海水的浓度，即盐分一般用**千分比**（‰）表示。千分比指的是在1000g溶液中含有多少g的溶质。千分比主要使用于含有少量溶质的溶液的浓度，例如1000g海水中约有35克的盐，海水的盐度即为35‰。

位于约旦和以色列之间的盐水湖——死海的盐度比普通的海水高10倍左右，是世界上盐分最高的湖。因为盐度高，所以人进入其中会漂浮在水面上。由于死海中生物难以生存，所以被称为死海。

漂浮在死海中的人

死海的盐层

把糖放在水中后，糖会被水溶解，然后消失不见。水中溶解的糖去哪儿了呢？下面让我们通过测量糖水的重量来了解砂糖的去向吧。

准备材料 电子秤，白砂糖，烧杯，药品用纸，玻璃棒，药匙，实验用手套，保护镜

测量糖水的重量

①用电子秤测量有水的烧杯的重量。

②用电子秤测量白砂糖的重量。

③将白砂糖放入烧杯中。

④用玻璃棒搅拌，使砂糖溶化一半左右。

⑤将溶化了一半砂糖的糖水放在电子秤上，测量其重量。

⑥测量砂糖完全溶解的糖水重量。

〈测量不同溶解程度下的糖水重量〉

糖水的溶解程度	溶化前		溶化一半后	全部溶化后
	水	白砂糖	水+白砂糖	糖水溶液
观察结果	无色透明。	白色晶状物。	没有溶化的砂糖沉在杯底。	砂糖全部溶化，糖水变得无色透明。
重量测量结果	100g	15g	115g	115g

※实验中药品用纸的重量过轻，在电子秤上没有显示，可以忽略不计。

通过实验得出的结论 观察砂糖完全被溶解的糖水，会发现看不到砂糖的踪影。但放入水中的砂糖并没有消失。这一点通过上述实验中，溶化一半和全部溶化的糖水重量没有变化就可以看出来。通过白砂糖溶化前的"糖+水"的重量，与溶化后的"糖水"重量一致这一事实，就可以推断出，白砂糖虽然在水中溶解了，以我们的肉眼看不见，但其实还在水中。虽然我们完全可以通过品尝糖水的甜味来验证砂糖仍存在于水中，但一般来说，在实验中最好不要随便品尝实验品。

6 实验 让溶于水的食盐重新现身

水中的食盐溶解后,我们无法用肉眼发现它。那么我们通过什么方式可以发现盐水中的食盐呢?下面,我们通过实验来寻找盐水中的食盐吧。

准备材料 蒸发皿,食盐,烧杯,皮氏培养皿,酒精灯,三脚架,铁丝网,点火器,试验用手套,保护镜

加热盐水发现食盐

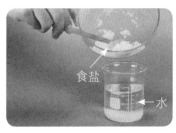

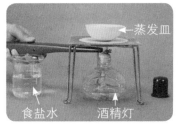

① 把食盐放入盛水的烧杯中,制作食盐溶液。

② 在蒸发皿中倒入少量盐水,然后放在酒精灯上加热。

▲ 可以看到蒸发皿上有食盐存在。

注意 通过对盐水加热获取食盐所需要的时间,因盐水的浓度不同而有所不同。在加热过程中,食盐有可能崩裂,所以一定要戴上保护镜。

蒸发盐水发现食盐

① 把食盐放入盛水的烧杯中,制作食盐溶液。

② 把少量盐水倒入培养皿中,将培养皿放在向阳处。

▲ 水被蒸发后,培养皿上有食盐存在。

通过实验得出的结论 盐水是以水为溶剂,盐为溶质的溶液。为了确认盐水中食盐的存在,需要通过蒸发水分的方法,将食盐和水分离。当水蒸发后,溶液中就只剩下溶质,即可以发现食盐。

科学家的眼睛

在盐场提炼海水中的盐分

海水中虽然含有许多盐分,但同样含有氯化镁等其他物质。在阳光充足,雨量较少的海边建造盐场,把海水存在盐场,通过蒸发的方式可以获取盐分。

在盐场提炼盐分的场景

溶解的条件

物质溶解需要哪些条件呢?

实验 7 影响物质溶解速度的要素是什么

腌白菜需要有盐水。但是直接把盐放在水中，需要很长时间才会溶化。那么有没有方法可以使盐迅速溶化呢？把明矾放在水中溶化，了解哪些条件会影响明矾的溶化速度。

准备材料 烧杯，明矾，玻璃棒，秒表，研杵和研钵，温水，凉水，实验用手套，保护镜

搅拌速度与明矾溶化速度的关系

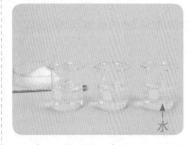

①在三个烧杯中加入同样温度、同样多的水。

②在盛有水的三个烧杯中，分别加入同量的明矾。

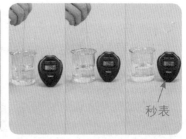

③其中一个烧杯用玻璃棒迅速搅拌，一个烧杯用玻璃棒慢慢搅拌，最后一个不搅拌。测定三个烧杯中明矾溶化所需时间。

结果

迅速搅拌时

慢慢搅拌时

不搅拌时

种类	迅速搅拌时	慢慢搅拌时	不搅拌时
明矾溶化所需时间	1分15秒	2分32秒	过了10分钟也只溶化了一点儿。

▲ 搅拌速度越快，明矾溶化越快。

科学家的眼睛

控制变量

当影响实验结果的条件有两个以上时，我们很难确定是哪个条件影响了实验结果。因此，在实验时，我们需要将其中一个条件以外的其他条件统一起来。例如在搅拌速度与明矾溶化速度关系的实验中，除了搅拌速度以外的其他条件（水量、水温、明矾的颗粒大小、明矾的量等）都要一致。在明矾的颗粒大小与明矾溶化速度关系的实验中，明矾放入水中的量应该相同，而明矾的颗粒大小不同。

水温和明矾溶化速度的关系

① 在两个烧杯中分别倒入相同量凉水和温水。

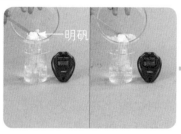

② 在两个烧杯中加入同样多的颗粒大小相同的明矾，测定明矾溶化所需时间。

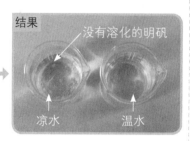

▲ 放入温水中的明矾先溶化了。

种类	凉水	温水
明矾溶化所需时间	1分19秒	29秒

▲ 水温越高，溶化速度越快。

明矾颗粒大小与明矾溶化速度的关系

① 在两个烧杯中加入相同温度、相同量的水。

② 准备同量的两份明矾。将一份明矾放在研钵中研磨成细粉。

③ 一个烧杯中直接放入块状明矾，另一个烧杯中放入明矾粉。测定明矾溶化所需时间。

▲ 研磨成细粉的明矾首先溶化。

种类	明矾颗粒较大时	明矾颗粒较小时
明矾溶化所需时间	过了10分钟几乎没有溶化。	1分33秒

▲ 溶质越小，溶化速度越快。

通过实验得出的结论 把明矾放在水中溶解时，搅拌速度越快，水温越高，明矾颗粒越小，明矾溶化的速度则越快。也就是说，如果想要快速溶解放到溶剂中的溶质，就应该提高溶剂的温度，将溶质颗粒变小，并且迅速搅拌。

在一定量的水中放入许多食盐，会看到沉在杯底的食盐没有溶化。如果想要将沉在杯底的食盐溶化，应该怎么做呢？下面让我们一起来了解随着水量的变化，明矾和碳酸氢钠溶解量的变化吧。

准备材料 烧杯，水，碳酸氢钠，明矾，玻璃棒，药匙，实验用手套，保护镜

比较水量不同时，明矾溶解量的变化

① 在盛有50ml的水中加入2匙明矾并用玻璃棒搅拌均匀。

② 当明矾有少许沉淀在杯底时，再加入50ml水。

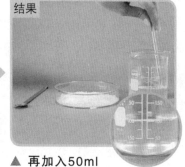

结果

▲ 再加入50ml水后，明矾全部溶化。

比较水量不同时，碳酸氢钠溶解量的变化

① 在盛有50ml的水中加入2匙碳酸氢钠并用玻璃棒搅拌均匀。

② 当碳酸氢钠有少许沉淀在杯底时，再加入50ml的水。

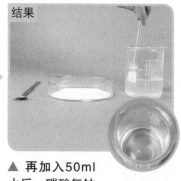

结果

▲ 再加入50ml水后，碳酸氢钠全部溶化。

〈比较水量不同时，明矾和碳酸钠溶解量的变化〉

种类	明矾	碳酸氢钠
50ml	明矾有少许沉淀在杯底	碳酸氢钠有少许沉淀在杯底
50ml+50ml	沉淀在杯底的明矾彻底溶化	碳酸氢钠几乎全部溶化

通过实验得出的结论 在50ml水中，明矾和碳酸氢钠都有少许沉淀在杯底，再加入更多的水后，能溶解的量也增多了。通过这个实验，我们可以知道，没有溶解剩下的粉末，在加入更多的水后，就可以被溶解。也就是说，为了溶解更多的溶质，需要更多的溶剂。溶剂量越多，能溶解的溶质越多。

水量越多，能溶解的明矾或碳酸氢钠的数量越大。想要溶解更多的溶质，除了提高溶剂的量外，还有哪些方法呢？下面让我们一起来了解水温不同对溶解的物质量的影响吧。

准备材料　烧杯，明矾，硼酸，玻璃棒，药匙，温度计，温水，凉水，冰块，实验用手套，保护镜

物质·溶液

比较水的温度不同时，溶解的明矾量的变化

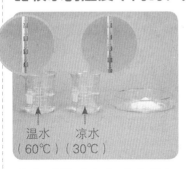

① 分别将温水和凉水倒入烧杯中，并测量水温。

温水（60℃）　凉水（30℃）

明矾

② 在烧杯中加入同量的明矾，用玻璃棒以同样的速度进行搅拌。

结果

温水　凉水

▲ 温水中的明矾全部溶解。而凉水中的明矾没有溶解，沉淀在杯底。

种类	凉水	温水
明矾的溶解量	没有溶解，沉淀在杯底	几乎全部溶解

注意　除了水温，其他条件如水量、明矾颗粒大小、明矾量、搅拌水的速度等要一致，这样才能进行比较。在该实验中，用硼酸代替明矾，得出的结果也一样。

在温水溶解的明矾溶液中加入冰块

玻璃棒

① 在温水中加入明矾，用玻璃棒搅拌，制作明矾溶液。

冰块

② 在温明矾溶液中放入冰块。

结果

明矾

▲ 烧杯表面出现白色的颗粒。

通过实验得出的结论　在实验中我们可以得知，将明矾或硼酸放入温水中，比放入凉水中能溶解更多的量。也就是说，溶剂的温度越高，溶质的溶解量越多。在温明矾溶液中加入冰块后烧杯表面出现白色的颗粒，这是之前溶解在水中的明矾。该现象是水温下降，导致明矾无法溶于水形成的。溶剂的温度越高，溶质的溶解速度越快，溶解量越多。

通过对饱和溶液蒸发或降温的方式，可以使溶液中的固体物质重新出现。这时出现的固体物质则是晶体。下面让我们来制作几种物质的晶体吧。

准备材料 烧杯，热水，食盐，明矾，硫酸铜，玻璃棒，泡沫塑料箱子，皮氏培养皿，纸，放大镜，显微镜

制作各种晶体

①在烧杯中加入热水，制作饱和溶液。

②将少许饱和溶液倒在培养皿中，然后用纸盖住。烧杯中的溶液用棉布盖住。在泡沫塑料箱子中放置几天。

③几天后，用放大镜或显微镜观察形成的晶体。

注意 结晶时需要浓度很高的溶液，所以为了溶解更多的溶质，我们最好将溶剂的温度升高。而且在制作晶体时，溶液变凉的速度越慢，制作出的晶体越大，所以最好将溶液用棉布盖住，并放在塑料泡沫箱子中。在培养皿中制作晶体时，有一个缺点便是，由于物质处在培养皿的底部，在结晶过程中不能向所有方向生长，因此我们很难观察到物质固有的晶体形状。

〈各种各样的晶体形状〉

食盐晶体	明矾晶体	硫酸铜晶体
·白色 ·箱子形状	·白色 ·形状与钻石相似	·蓝色 ·柱状

▲ 不同物质的晶体形状不同，因此通过晶体形状可以分辨出不同的物质。

科学家的眼睛

雪花晶体

用显微镜观察冬季的雪，会发现雪花晶体。雪花晶体虽然形状各不相同，但基本上都是六角形。雪花晶体的形状因云的温度、水蒸气量的变化而变化。在较冷的天气中形成的雪花晶体形状近似六角形。如果温度上升，则很难形成雪花晶体，出现的也就是普通的没有任何特征的雪花。

制作可以向任意方向生长的晶体

准备材料 烧杯，热水，明矾，玻璃棒，研杵和研钵，泡沫塑料箱子，棉布，木筷，铁丝，毛线，放大镜，显微镜

物质·溶液

毛线　铁丝

①将铁丝弯曲成想要的形状，用毛线将铁丝包裹住。

明矾

②将明矾放在研钵中，用研杵研磨成细粉。

③在烧杯中倒入约半杯热水，放入明矾，制作成饱和溶液。

④把铁丝挂在木筷上，然后将铁丝浸入溶液中。

棉布

⑤轻轻地将棉布覆盖在烧杯口，然后将烧杯放在泡沫塑料箱子里几天。

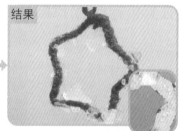

结果

▲ 出现很多大的明矾晶体。

注意 将包裹有毛线的铁丝挂在木筷上，然后浸透到烧杯中去时，应该注意不要让铁丝接触到烧杯的底部。只有将铁丝挂在杯子的中央，才能使晶体向任意方向生长。

通过实验得出的结论 食盐、明矾粉的晶体都是白色，而硫酸铜的晶体是蓝色。用显微镜或放大镜观察晶体时，有的晶体为箱子模样，有的晶体像钻石一样。每种物质都有其独特的晶体形状，因此通过晶体形状我们可以确认是哪种物质。在制作晶体时，杂质会留在溶液中，使得形成的晶体纯度很高。

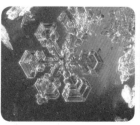

溶液的分类

对各种溶液进行分类的标准是什么？指示剂是怎样对溶液进行分类的呢？

11 实验 变换溶液的颜色

我们在生活中接触到的各种溶液都有着自己的颜色。在溶液中加入紫色卷心菜汁或者酚酞，观察溶液颜色有什么变化，了解在溶液颜色变化之前和变化之后的性质吧。

准备材料 紫色卷心菜汁，玻璃清洁剂，食醋，试管，试管架，烧杯，玻璃吸管

在紫色卷心菜汁中分别加入玻璃清洁剂和食醋，观察颜色变化

①在盛有紫色卷心菜汁的试管中滴入几滴玻璃清洁剂。

▲ 变成绿色。

②在盛有紫色卷心菜汁的试管中滴入几滴食醋。

▲ 变成粉红色。

在颜色变换的溶液中加入食醋或玻璃清洁剂，使颜色再次变化

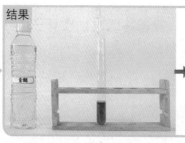
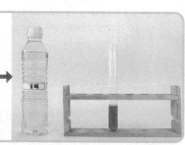

③在变为绿色的溶液中加入几滴食醋，观察颜色的变化。

▲ 因为食醋，变成绿色的溶液再次变回了紫色。

▲ 继续滴入食醋，溶液再次变成粉红色。

通过实验得出的结论 在紫色卷心菜汁中分别加入玻璃清洁剂和食醋时，会出现两种完全不同的颜色。由此可以看出，变化颜色后的两种溶液的性质不同。变成绿色的溶液滴入几滴食醋后又重新变成了原来的紫色，食醋量增多后，又会变成粉红色。即，通过溶液颜色的变化，我们可以知道溶液性质的变化。

12 实验 用溶液指示剂给溶液分类

玻璃清洁剂、食物用大酱、我们喝的饮料，以及各种溶液，对这些溶液分类的时候有什么样的标准呢？下面让我们根据溶液的特征对溶液进行分类吧。

准备材料 试管，试管架，玻璃棒，酚酞试液，石蕊试纸，食醋，汽水，玻璃清洁剂，稀盐酸，稀氢氧化钠，标签纸，保护镜，实验用手套

根据石蕊试纸的颜色变化对溶液进行分类

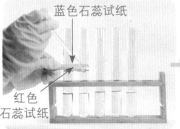

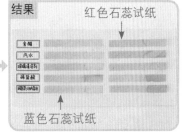

①将准备好的五种溶液分别倒入试管中，大约倒到试管的1/4左右。

②用玻璃棒分别蘸取五种溶液，并放在各自的石蕊试纸上，观察颜色的变化。

▲ 根据溶液性质变化的颜色

使红色石蕊试纸变成蓝色的溶液	使蓝色石蕊试纸变成红色的溶液
玻璃清洁剂，稀氢氧化钠溶液	食醋，汽水，稀盐酸

根据滴入酚酞试液后的颜色变化对溶液进行分类

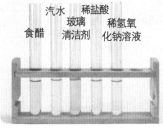

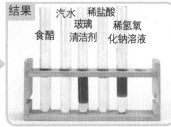

①将准备好的五种溶液分别倒入试管中，大约倒到试管的1/4左右。

②在五个试管中分别滴入一滴酚酞试液。

▲ 根据溶液性质变化的颜色

变红的溶液	不变色的溶液
玻璃清洁剂，稀氢氧化钠溶液	食醋，汽水，稀盐酸

通过实验得出的结论 石蕊试纸和酚酞试液，遇到酸性溶液或碱性溶液颜色会发生变化，进而判断溶液酸碱性。像石蕊试纸和酚酞试液一样，可以通过颜色判断溶液性质的东西，就是**酸碱指示剂**。在酸性溶液中加入酚酞试液后，颜色没有变化，但加入蓝色石蕊试纸后，试纸会变成红色。在碱性溶液中加入酚酞试液后，溶液颜色会变成红色，而且碱性溶液还会使红色的石蕊试纸变成蓝色。

使用石蕊试纸或酚酞试液等指示剂，可以将各种溶液分成酸性溶液和碱性溶液。利用我们身边的材料制作像石蕊试纸或酚酞试液一样的指示剂怎么样？使用紫色卷心菜汁制作指示剂，为溶液分类。

准备材料 紫色卷心菜，烧杯，酒精灯，三脚架，剪刀，铁网，试剂瓶，玻璃吸管，试管，筛子，稀盐酸，稀氢氧化钠溶液，食醋，肥皂水，玻璃清洁剂，汽水，柠檬汁，苹果汁，保护镜，实验用手套

制作紫色卷心菜指示剂

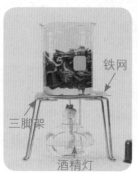

①用剪刀将紫色卷心菜剪成小块。

②把水倒入烧杯中，以正好淹没卷心菜为宜。

③用酒精灯加热，直到水中出现紫色。

④等烧杯冷却后，用筛子分离出卷心菜汁，再将卷心菜汁倒入试剂瓶中。

溶液中滴入紫色卷心菜指示剂后的颜色变化

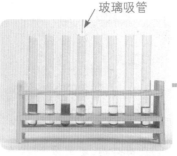
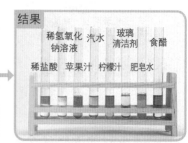

①在试管中各倒入约1/4的溶液。

②用玻璃吸管在每个试管中滴入4～5滴紫色卷心菜汁。

▲每个溶液颜色变化的深浅不同。

〈溶液中滴入紫色卷心菜指示剂后的颜色变化〉

溶液	颜色变化	溶液	颜色变化
稀盐酸	粉红色	柠檬汁	粉红色
稀氢氧化钠溶液	黄色	玻璃清洁剂	绿色
苹果汁	橙黄色	肥皂水	褐色
汽水	紫色	食醋	粉红色

▲溶液性质不同，颜色的变化也不同。

根据紫色卷心菜指示剂的颜色变化对溶液分类

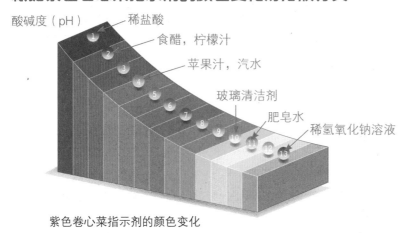

酸碱度（pH）

稀盐酸
食醋，柠檬汁
苹果汁，汽水
玻璃清洁剂
肥皂水
稀氢氧化钠溶液

紫色卷心菜指示剂的颜色变化

◀ 酸碱度（pH值），表示溶液酸性或碱性程度的数值。pH7为中性，小于pH7为酸性，大于pH7为碱性。而且酸性的值越小，酸性越强，碱性的值越大，碱性越强。

物质·溶液

酸性溶液	碱性溶液
稀盐酸，食醋，柠檬汁，苹果汁，汽水	稀氢氧化钠溶液，肥皂水，玻璃清洁剂

通过实验得出的结论 将紫色卷心菜汁滴入溶液中时，溶液的颜色会发生变化。因此，我们可以将紫色卷心菜汁作为指示剂。在各种溶液中放入紫色卷心菜指示剂后，溶液的颜色之所以发生不同的变化，是由于溶液酸碱度（pH）不同造成的。变成橙黄色、粉红色、紫色的稀盐酸、汽水、食醋、柠檬汁和苹果汁为酸性溶液，变成绿色、黄色的稀氢氧化钠溶液、肥皂水和玻璃清洁剂为碱性溶液。通过这种因溶液酸碱度不同出现的颜色变化，我们可以将溶液分为酸性和碱性。

科学家的眼睛

可以用作指示剂的各种植物

除了紫色卷心菜，我们生活中还有很多植物可以用作天然酸碱指示剂。例如喇叭花、鸢尾花、碧冬茄、玫瑰、黑豆等。这些植物的花或者果实中含有一种名为花青素[★]的色素，因此能用作酸碱指示剂。

但用这些植物制作的指示剂颜色变化有所不同。我们在上述实验中，之所以使用紫色卷心菜汁作为酸碱指示剂，是因为它能使各种溶液的颜色有丰富多彩的变化。

（★花青素存在于植物的花、叶和果实的细胞中，能使植物出现红色、紫色、绿色和橙黄色。）

豆

玫瑰花

pH值	本身	1	2	3	4	5	6	7	8	9	10	11	12	13
玫瑰花	4.60													

玫瑰花指示剂的颜色变化

酸和碱

了解酸性溶液和碱性溶液的性质，并且了解各种溶液在我们生活中的运用。

14 实验 酸碱溶液性质大不同

酸性溶液和碱性溶液除了会因酸碱指示剂出现颜色变化外，还有哪些性质呢？下面让我们一起在酸性溶液和碱性溶液中放入鸡蛋壳、煮熟的蛋清、大理石、豆腐，观察有什么变化吧。

准备材料 烧杯，玻璃棒，刀，煮熟的鸡蛋，鸡蛋壳，大理石，豆腐，稀盐酸，稀氢氧化钠溶液，保护镜，实验用手套，标签，保鲜膜

在稀盐酸和稀氢氧化钠溶液中加入大理石和鸡蛋壳

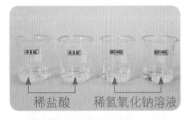

稀盐酸　　稀氢氧化钠溶液

①在两个烧杯中倒入稀盐酸，另外两个烧杯中倒入稀氢氧化钠溶液。

②在稀盐酸和稀氢氧化钠溶液中分别加入大理石和鸡蛋壳。

鸡蛋壳　大理石　鸡蛋壳　大理石

③用玻璃棒将每个烧杯搅拌均匀，观察有什么变化。（1~2天后进行观察）

〈不同溶液中大理石和鸡蛋壳的变化〉

种类	稀盐酸		稀氢氧化钠溶液	
大理石		有气泡出现，过段时间后大理石溶化。		没有任何变化。
鸡蛋壳		有气泡出现，过段时间后鸡蛋壳溶化。		没有任何变化。

在稀盐酸和稀氢氧化钠溶液中加入煮熟的蛋清和豆腐

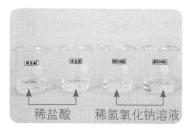

①在两个烧杯中倒入稀盐酸，另外两个烧杯中倒入稀氢氧化钠溶液。

②在稀盐酸和稀氢氧化钠溶液中分别加入煮熟的蛋清和豆腐。

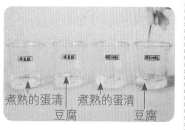

③用玻璃棒将每个烧杯搅拌均匀，观察有什么变化。（1~2天后进行观察）

〈不同溶液中煮熟的蛋清和豆腐的变化〉

种类	稀盐酸		稀氢氧化钠溶液	
煮熟的蛋清		无任何变化。		溶液变浑浊，过段时间后煮熟的蛋清消失了。
豆腐	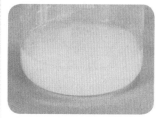	无任何变化。		溶液变浑浊，过段时间后豆腐消失了。

〈稀盐酸和稀氢氧化钠溶液的特征比较〉

稀盐酸（酸性溶液）		稀氢氧化钠溶液（碱性溶液）	
大理石和鸡蛋壳	煮熟的蛋清和豆腐	大理石和鸡蛋壳	煮熟的蛋清和豆腐
有气泡产生，过段时间后溶化。	无任何变化。	无任何变化。	溶液变浑浊，过段时间后溶化。

通过实验得出的结论 在该实验中，稀盐酸可以溶化鸡蛋壳和大理石，无法溶化煮熟的蛋清和豆腐。与之相反，稀氢氧化钠溶液可以溶化煮熟的蛋清和豆腐，却无法溶化鸡蛋壳和大理石。鸡蛋壳和大理石中含有碳酸钙，稀盐酸等酸性溶液可以溶解碳酸钙。而碱性溶液可以将鸡蛋清和豆腐中含有的蛋白质和脂肪溶解。通过这一实验，我们可以得知碱性溶液和酸性溶液的不同性质。

将性质不同的酸性溶液和碱性溶液混合后会怎么样呢？预想酸碱混合会有哪些变化，然后将酸性溶液和碱性溶液混合在一起观察其变化吧。

准备材料 三角瓶，玻璃吸管，稀盐酸，稀氢氧化钠溶液，酚酞溶液，保护镜，实验用手套

① 用玻璃吸管滴入1/5左右的稀盐酸到三角瓶中。

② 在盛有稀盐酸的三角瓶中滴入2～3滴的酚酞溶液。

▲ 三角瓶中没有任何变化。

③ 在②的三角瓶中滴入一滴稀氢氧化钠溶液，溶液颜色变红。

④ 在③的三角瓶中放入酚酞溶液，溶液的颜色没有变化，还是红色。

⑤ 在④的三角瓶中滴入几滴稀盐酸，溶液颜色逐渐变浅，最后变成无色。

酸性溶液和碱性溶液混合后的颜色变化

稀盐酸(酸性) —— +酚酞溶液 —→ 无色(酸性) —— +稀氢氧化钠溶液 —→ 红色(碱性) —— +酚酞溶液 —→

红色(碱性) —— +稀盐酸 —→ 无色(酸性)

通过实验得出的结论 在酸性溶液稀盐酸中放入酚酞溶液后，溶液颜色没有变化，而滴入几滴稀氢氧化钠溶液后，溶液的颜色变为红色。因此，我们可以知道，在酸性溶液中滴入稀氢氧化钠溶液后，溶液变成了碱性。而在溶液中再次滴入几滴稀盐酸后，红色消失，变成透明色。在盛有酸性溶液的三角瓶中放入碱性溶液，溶液会出现颜色变化，酸碱物质相遇，失去了本来的性质（酸性，碱性）。溶液中酸性物质多，溶液则呈现酸性，溶液中碱性物质多，则呈现碱性。由此可知，酸性溶液和碱性溶液混合后，混合前的酸性和碱性会变弱。

？16 调查　日常生活中酸碱性运用的小实例

在酸性溶液中加入碱性溶液，酸性会变弱，在碱性溶液中加入酸性溶液，碱性会变弱。在生活中，我们是怎样利用酸性和碱性的这一特征的呢？

准备材料 皮氏培养皿，pH试纸，柠檬，制酸剂，马桶清洁剂，保护镜，实验用手套

①在三个皮氏培养皿中分别滴入2～3滴马桶清洁剂、制酸剂和柠檬汁。

②使用pH试纸，观察培养皿中试纸的颜色变化。

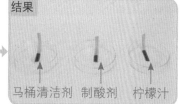

▲ 马桶清洁剂和柠檬是酸性溶液，制酸剂是碱性溶液。

酸性溶液和碱性溶液在生活中应用的实例

▲ 生鲜料理中洒入柠檬汁。——鲜鱼中有散发出腥味的碱性物质，为了去除腥味，可以洒些酸性的柠檬汁。

▲ 胃酸过多时吃制酸剂。——酸性的胃液分泌过多时，可以服用碱性的制酸剂来中和。

▲ 清除马桶污垢时使用马桶清洁剂。——马桶的污垢一般为碱性，因此可以用酸性的马桶清洁剂来去除。

通过调查得出的结论 在生活中，我们经常通过酸性和碱性混合的方式，来使原来的酸性或碱性弱化。为了去除鲜鱼里散发出腥味的碱性物质，可以洒一些酸性的柠檬汁，使腥味消失。清除碱性的马桶污垢时，使用酸性的马桶清洁剂。与之相反，当酸性的胃液分泌过多，导致胃酸时，服用制酸剂可以中和胃酸。

科学家的眼睛

使泡菜不变酸，可以长时间保存的方法

　　泡菜时间长了之后会产生许多乳酸。放置时间过长的泡菜会有一股酸味，原因正在于这种被称为乳酸的物质。去除乳酸，就可以去除泡菜的酸味，使泡菜可以长时间保存。如果我们将贝壳洗干净放在盛泡菜的容器中，就可以减少泡菜的酸味。同理，如果想要去除泡菜坛子里的泡菜味道，将贝壳粉放在里边，便能够去除泡菜的味道。

用贝壳去除泡菜坛子里的泡菜味的场景

我们经常在新闻或报纸上听到土壤酸化这个词。那么土壤酸化是什么呢？下面让我们一起来测定土壤的酸碱度吧。

准备材料 烧杯，pH试纸，滤纸，漏斗，漏斗架，玻璃棒，各个地区的土壤，蒸馏水

测量土壤的酸碱度

①在小区的多处地方挖取土壤。

②把土放在烧杯中，在烧杯上标记好土壤的来源。

蒸馏水

③把蒸馏水倒在烧杯里。

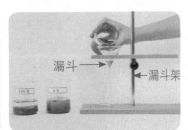

漏斗 漏斗架

④用玻璃棒搅拌均匀，然后利用过滤装置过滤烧杯中的泥水。

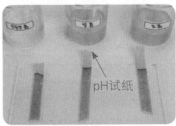

pH试纸

⑤使用pH试纸测定过滤出来的水的酸碱度。

参考

如果不使用pH试纸，而是使用pH检测器，得出的结果会更加精确。

通过调查得出的结论 经过调查，我们周围大部分土壤的pH在5.0以下。因此可以说土壤酸化成了一个趋势。适合植物生长的土壤pH应该是5.5~6.5，我们周围的土壤大多都不利于植物的生长。为了阻止土壤继续酸化，人们正在推广使用堆肥等天然肥料代替化学肥料，采取利用天敌促进作物生长的方法。

科学家的眼睛

大城市土壤的碱化

农村和森林的土壤酸化引发了一系列问题，而大城市中的土壤碱化，也是一个值得重视的问题。大城市土壤碱化的原因在于水泥中含有石灰成分。大城市的建筑物大部分是用水泥建造的。大城市土壤碱化的急剧加快，对行道树和其他植物的健康成长造成了很大的影响。

建筑施工现场使用水泥的场景

活的石蕊试纸——绣球

绣球花刚开的时候是白色，随着土壤酸碱度的变化，花的颜色也会变化。刚开始开花时，绣球的体内还有叶绿素存在，因此开出的花是浅白色的。之后绣球体内合成有花青素，花青素与吸收自土壤的物质发生反应，使花的颜色变为蓝色或者粉红色。

如果种植绣球的土壤含铝较多，则为酸性。土壤中的铝和花青素相遇后，花的颜色会变成蓝色。相反，如果土壤为碱性，绣球会开出红色的花。

土壤是酸性时　　　　　　土壤是碱性时

也就是说，当土壤为酸性时，绣球开蓝色的花，当土壤为碱性时，绣球开红色的花。

而且有时候一棵绣球上会开出很多种颜色的花。这是因为绣球的根和茎成长的方向不同，吸收营养的方向也不同造成的。

在花的周围埋明矾，并浇水，白色的花会渐渐变成蓝色。在花周围撒鸡蛋壳粉、贝壳粉，则会使花逐渐变成粉红色。

绣球就好像是活的石蕊试纸一样，通过它，我们就可以知道土壤的酸碱度。

气体和体积

气体有什么样的性质呢？对气体施力或者温度升高时，气体的体积又会有哪些变化呢？

18 实验 制作简易氦气球

氧气、氮气、氢气等气体的重量一样吗？我们用嘴吹起来的气球会落在地面上，那么什么样的气球会飘浮在空中呢？下面让我们利用气体的性质制作简易氦气球吧。

准备材料 氦气，气球，线，一字夹，纸杯，透明胶带

气球
氦气

①向气球中适当地充入氦气，将气球的口封住。

透明胶带
纸杯　线

②将纸杯和气球用线连在一起，并用胶带固定。

③用一字夹调节纸杯的重量，放飞气球。

通过实验得出的结论 我们用嘴吹起来的气球会掉落在地面上，而充满氦气的气球会长时间飘浮在空中。这是因为我们用嘴吹起来的气球里的气体比空气重，而氦气比空气轻。也就说，氦气比空气轻，有上浮的性质。如果调整好氦气气球的大小和纸杯的重量，就可以成功制作出简易氦气球。用气球装饰房间的时候，气球里边不是空气，而是氦气，只有这样，气球才能飘到天花板上。

科学家的眼睛
氦气的性质

由于氦气比空气轻，所以经常用于装饰和做广告气球。虽然氢气最轻，但氢气不稳定，很容易爆炸，所以人们更多地使用安全性较高的氦气。而且由于氦气不溶于血液，所以经常混合在潜水员的氧气筒和为一氧化碳中毒患者提供的氧气中。但是氦气比空气分子小，很容易从气球中逃脱。所以我们经常看到氦气球在过一段时间后自己掉在了地上。

潜水服上的氧气筒

广告用气球

19 实验　热胀冷缩的塑料瓶

水结成冰后体积会增大，水在液体状态时体积最小。那么气体的体积也会随温度而变化吗？在塑料瓶中倒入温水，然后倒出，观察塑料瓶的体积。

准备材料 塑料瓶，温水

①在塑料瓶中倒入约1/4左右的温水，拧紧瓶盖。摇晃后，观察瓶内的体积变化。

②将瓶中的水倒出，观察瓶内的体积。

注意 在往塑料瓶中倒入热水器中的热水或水壶烧开的热水时，有烫伤的危险。应特别注意塑料瓶会因热水烫化变形。

结果

空塑料瓶 → 加入温水后，体积增加的瓶子 → 倒出温水后，体积减小的瓶子

▲ 塑料瓶中的气体体积因温度的升高而增加，因温度的下降而减小。

通过实验得出的结论 塑料瓶中加入温水后，比加入温水前体积有明显增大。这是因为温水使瓶中的空气受热膨胀，体积增大造成的。将瓶中的温水倒出后，可以看到瓶子变扁，瓶子内部的体积变小了。通过上面的实验可以得出结论，温度上升气体体积增大，温度下降气体体积减小。

科学家的眼睛

跳舞的硬币

在盛有冰水的水箱中放一个空酒瓶，然后在酒瓶的瓶口处放一个1元的硬币或5角的硬币。几分钟后，将瓶子移到盛有温水的水箱中，移动时注意不要将瓶口的硬币掉落。不久我们就可以看到入口处的硬币开始乱动。这是由于酒瓶放入温水后，瓶中在冰水中变凉的空气开始变热膨胀，体积增加，往上推动硬币造成的。

放在瓶口处的硬币

把沙滩球拿在手中用力挤压，球会变形。下面让我们通过注射器的实验来了解对气球中的气体施力时，体积有什么变化吧。

准备材料　注射器，烧杯，水

① 注射器中吸入大约30ml的空气，用手堵住入口。

② 在入口被堵的状态下推动活塞。

▲ 活塞被推进一点儿。

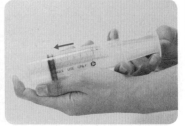

③ 使用更大的力度推动活塞。

▲ 活塞进入到一定程度后，往外反弹。

注射器中水的体积变化

① 注射器中加入大约30ml的水，用手将注射器的入口堵住。

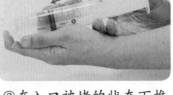

② 在入口被堵的状态下推动活塞。

▲ 活塞推不进去。

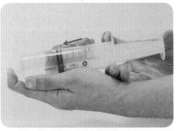

③ 使用更大的力度推动活塞。

▲ 活塞几乎没有推进去。

④ 在注射器中加入15ml的水和15ml的空气。

⑤ 在入口被堵的状态下推动活塞。

▲ 活塞被推进一点儿。

⑥ 用更大的力度推动活塞。

▲ 活塞进入到一定程度后，向外反弹。

通过实验得出的结论　在注射器中加入水后，用力推动活塞，活塞几乎没有推进去，从这一点可以看出注射器中水的体积几乎没有变化。使用同样的方法对注射器中的空气施力时，活塞稍微往里推进了一些，可以知道注射器中的空气体积有少许减小。但再次加大力度后，活塞进入到一定程度后，再也无法推进去。这是因为水等液体的体积在施力的状态下，体积几乎没有变化，而空气等气体在施力状态下，体积会有所减少，等力度消失，体积会重新增加造成的。

21 实验 观察对气体施力时的体积变化——塑料瓶

对注射器中的气体施力时，气体体积会减少。这次让我们对塑料瓶中的气体施力，看看气体体积有什么变化吧。

准备材料 塑料瓶，水

① 塑料瓶中倒入水，只留一点儿空间。

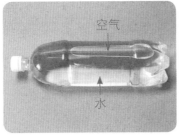

② 拧紧瓶盖后，将塑料瓶横放。

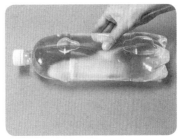

③ 用力按压塑料瓶，观察空气的变化。

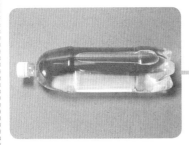

④ 松开手，观察空气的变化。

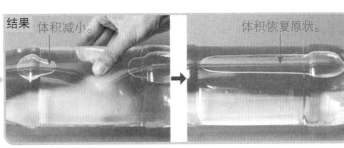

▲ 对塑料瓶施力时，气体体积减小。停止施力后，气体恢复到原来的状态。

注意 在实验中使用的塑料瓶最好是圆形的。只有使用圆形塑料瓶，才能更容易观察到施力时瓶中空气体积的变化。

通过实验得出的结论 塑料瓶中倒入水，只留一点空间。然后拧紧瓶盖，将瓶子放倒，瓶子中会出现气泡。用力按压塑料瓶，瓶子中的气泡会变小。松开手，瓶子中的气泡恢复到原来的大小。与前面注射器的实验结果相同，在对气体施力时，体积会减小，停止施力时，气体体积会恢复到原来的状态。

科学家的眼睛

对气体施力，气体体积减小的原因

空气等气体粒子间的距离比液体或固体的要大，所以对气体施力时，气体粒子间的距离减小，体积减小。停止施力时，气体体积又重新恢复到原来的状态。跳跳球就是利用气体的这种特性制作而成的。固体粒子间的距离最小，因此对固体施力时，体积的变化最小。

玩跳跳球的场景

物质·气体

大家都看到过飘浮在天空中的热气球吧。观察飘浮在空中的热气球，我们会看到气球吊篮上方的燃烧器中有火在燃烧。为什么气球升起时需要点燃火焰呢？下面让我们一起通过实验了解温度对气体体积的影响吧。

准备材料 三角瓶，气球，烧杯，玻璃注射器，橡皮泥，冰水，温水，实验用手套，保护镜

气球的体积变化

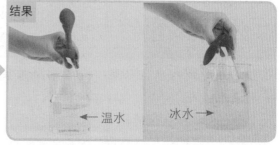

①将气球套在三角瓶上，把三角瓶放在温水中，观察气球的变化。

②把套有气球的三角瓶放在冰水中，观察气球的变化。

▲ 把三角瓶放在温水中后，气球鼓起，放在冰水中后，气球缩小。

玻璃注射器活塞的移动

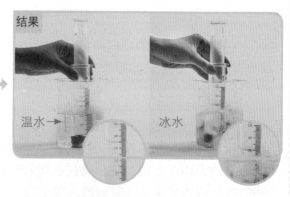

①把玻璃注射器的活塞推到中间部位，用橡皮泥将注射器的出口堵住，把注射器依次放在温水和凉水中，观察活塞的移动。

▲ 把注射器放在温水中后，注射器的活塞有向外移动的迹象，放在冰水中后，活塞有向里移动的迹象。

通过实验得出的结论 把套有气球的三角瓶放在温水中时，由于三角瓶中空气的温度上升，体积增大，所以气球会鼓起。把三角瓶再次放入凉水中时，由于三角瓶中空气的温度下降，体积减小，所以气球会缩小。玻璃注射器活塞的移动也是这样。把玻璃注射器放在温水中后，注射器内部的空气温度上升，体积增大，活塞向外移动。而把玻璃注射器放在冰水中后，注射器内部的空气温度下降，体积减小，活塞向内侧移动。也就是说，温度上升，气体体积增大；温度下降，气体体积减小。

23 调查 日常生活中气体热胀冷缩的实例

气体温度上升，体积增加，温度下降，体积减小。下面让我们一起寻找生活中因为温度不同，气体体积发生变化的例子吧。

准备材料 瘪乒乓球，烧杯，水，酒精灯，三脚架，铁网

瘪乒乓球鼓起来

◀ 把瘪乒乓球放在盛有水的烧杯中，对烧杯加热，瘪乒乓球会重新鼓起来。这是由于乒乓球内的空气温度上升，体积增大造成的。

冰箱里的塑料瓶

◀ 我们经常看到放在冰箱里的塑料瓶会变瘪。这是由于冰箱内部的低温使塑料瓶内的空气温度下降，体积减小造成的。打开塑料瓶盖，让外界的空气进入到瓶内，或者把塑料瓶放在温暖的地方，就可以使瘪塑料瓶恢复到原来的样子。

随季节变化的打气

◀ 夏季给自行车或摩托车的轮胎打气时，比平时打的气要少。而在冬季打气，比平常要多。这是因为夏季气温较高，轮胎中的空气体积增加，轮胎所需要的空气总量比平时要少；冬季气温较低，轮胎中的空气体积减小，轮胎所需的空气总量比平时要多造成的。

通过调查得出的结论 温度升高，气体体积增加，温度降低，气体体积减小。

科学家的眼睛

气体的温度和体积之间的关系：查理定律

温度上升时，气体的体积也随之增加，那么温度升高1℃时，气体的体积会增加多少呢？在一定压力下，气体的体积与气体种类无关，从0℃开始，温度每升高1℃，气体体积增加1/273。这个规律是由法国物理学家查理发现的，因此被称为"查理定律"。这个揭示温度和气体体积关系的定律又被称为"气体热膨胀定律"。

法国物理学家查理

气体的性质和应用

氧气和二氧化碳是怎么产生的呢？各种气体有哪些性质呢？

24 实验 氧气怎么来，氧气的"脾气"如何

人类以及其他生物维持生命活动时需要用到氧气。通过氧气的生成装置制造氧气，了解氧气的性质，并且寻找氧气在实际生活中的应用实例。

准备材料 带有环的支架，漏斗，橡胶管，橡皮塞，带分支的三角瓶，烧杯，集气瓶，玻璃片，二氧化锰，稀过氧化氢，药匙，火柴或打火机，弹簧夹，镊子，L形玻璃管，水箱，水，实验用手套，保护镜

安装氧气生成装置

①安装氧气生成装置。

②漏斗与三角瓶相连，在三角瓶中放少许水，再放入一匙二氧化锰。

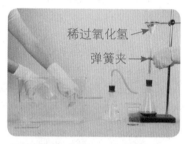

③在漏斗上放一些稀过氧化氢，调节弹簧夹，慢慢把过氧化氢通到三角瓶中。

结果

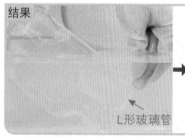

▲ L形玻璃管的尽头开始出现氧气泡。

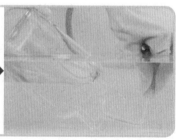

▲ 将从L形玻璃管出现的氧气收集起来，集气瓶中的水逐渐减少。

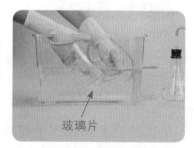

④当集气瓶中充满氧气后，在水中用玻璃片将瓶口盖住，然后把集气瓶取出来。

参考 之所以能在水中收集氧气，是因为氧气具有不溶于水的性质。这种收集氧气的方法叫作排水集气法。

杂质去除装置（过滤装置）

从氧气生成装置出来的气体不只有氧气，还有掺杂在二氧化锰和过氧化氢中的杂质。为了最大限度地过滤出这些杂质，与水的4/5左右相连的三角瓶的中间部分，设置了过滤装置。

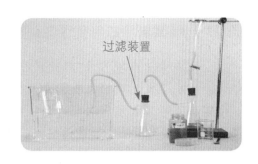

过滤装置

氧气的性质

▲ 在收集有氧气的集气瓶后面放一张白纸后发现，氧气没有颜色。

▲ 用手轻轻挥动充满氧气的集气瓶口，闻氧气的气味发现，氧气没有气味。

▲ 把带火星的小木条放在集气瓶中，木条复燃。通过这个现象，我们知道氧气虽然不能自燃，却是其他物质燃烧的必要条件。

氧气应用的实例

潜水服的氧气罩

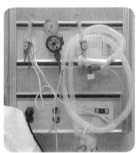

医用氧气呼吸机

焊接

宇宙飞船发射

通过实验得出的结论 在三角瓶中放入水和二氧化锰，通过漏斗放入稀过氧化氢，就会生成氧气。收集氧气时，在水位约2/3左右的水箱中，倒置放入充满水的集气瓶，然后把L形玻璃管放在集气瓶中收集。随着收集的氧气逐渐增多，瓶中的水越来越少。了解氧气的性质后，我们可以知道，氧气无色无味，具有助燃的性质。现实中应用到氧气的实例有很多，首先是氧气参与生物呼吸，其次是氧气能支持燃烧，释放热量。

点燃蜡烛或酒精时，会产生二氧化碳。安装二氧化碳的生成装置，制造二氧化碳，了解二氧化碳的性质，并且寻找二氧化碳在实际生活中的应用实例。

准备材料 带有环的支架，漏斗，橡胶管，橡皮塞，带分支的三角瓶，烧杯，集气瓶，玻璃片，碳酸钙，稀盐酸，蜡烛，燃烧匙，药匙，火柴或打火机，石灰水，弹簧夹，L形玻璃管，水箱，水，实验用手套，保护镜

安装二氧化碳生成装置

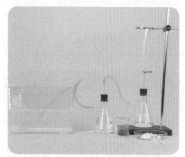

① 安装气体生成装置。

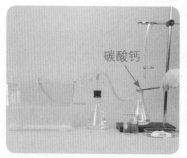

② 漏斗与三角瓶相连，在三角瓶中放少许水，再放入2～3匙碳酸钙。

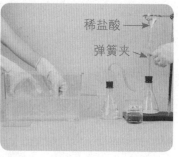

③ 在漏斗上放一些稀盐酸，调节弹簧夹，慢慢把稀盐酸通到三角瓶中。

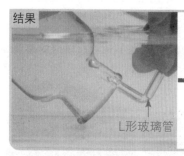

▲ L形玻璃管的尽头开始出现二氧化碳气泡。

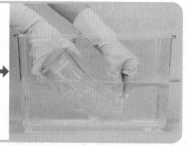

▲ 收集L形玻璃管中出现的二氧化碳气泡，集气瓶中的水渐渐变少。

④ 当集气瓶中充满二氧化碳后，在水中用玻璃片将瓶口盖住，然后把集气瓶取出来。

科学家的眼睛

用向上排空气法收集二氧化碳

我们之所以能在水中收集二氧化碳，是因为二氧化碳和氧气一样都不溶于水。而利用二氧化碳比空气重这一性质，也可以收集二氧化碳。使用向上排空气法收集到的气体有氯化氢和二氧化碳等。右图中，将L形玻璃管放在集气瓶中，比空气重的二氧化碳会下沉，空气会被排出。但在这节实验中，我们使用排水法，而没有使用排气法的原因在于，我们很难确定集气瓶中二氧化碳的量。使用排水法就可以根据集气瓶中水和气体的多少，轻松确认二氧化碳的量。

向上排空气法

二氧化碳的性质

▲ 在收集有二氧化碳的集气瓶后面放一张白纸后发现，二氧化碳没有颜色。

▲ 用手轻轻挥动充满二氧化碳的集气瓶口，闻二氧化碳的气味发现，二氧化碳没有气味。

▲ 把带火星的小木条放在集气瓶中，木条的火星立即熄灭。通过这一现象可以知道，二氧化碳不支持燃烧。

◀把石灰水放进充满二氧化碳的集气瓶中，摇晃后看到石灰水变浑浊。

在一边的纸杯中倒入二氧化碳，由于▶二氧化碳比空气重，所以这边的纸杯下沉。

二氧化碳的应用实例

碳酸饮料的制造

二氧化碳灭火器

干冰

植物的光合作用

通过实验得出的结论 在三角瓶中放入少量水和碳酸钙，通过漏斗滴入稀盐酸，就会生成二氧化碳。想要得到纯度高的二氧化碳，就要使用过滤装置。了解二氧化碳的性质后，我们知道二氧化碳无色无味，能使烛火熄灭，使石灰水变浑浊。我们生活中经常用到二氧化碳，而且植物的光合作用也需要二氧化碳的帮助。

科学家的眼睛

二氧化碳灭火器

灭火器的种类有清水灭火器、二氧化碳灭火器和干粉灭火器等。其中二氧化碳灭火器是将二氧化碳压缩成液体储存在灭火器中，所以使用时感觉较重。

发生火灾时，喷射灭火器中的二氧化碳，就可以隔绝火周围的氧气，使燃烧停止。

火灾的种类不同，使用的灭火器也不同。一般发生带电火灾时使用二氧化碳灭火器。

二氧化碳灭火器

空气是由很多种气体组成的混合物。下面让我们一起来了解气体的种类、性质和用途吧。

准备材料 使用到气体的生活用品的照片

空气中的各种气体

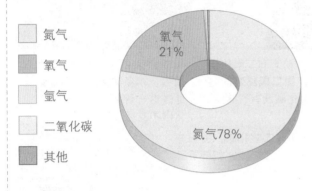

氮气
氧气
氩气
二氧化碳
其他

氧气 21%
氮气 78%

◀ 空气中有氮气、氧气、氩气、二氧化碳等各种气体。空气的大部分为氮气（78%）和氧气（21%），其余为氩气、二氧化碳、氢气、氖气、氦气等。

〈各种气体的性质和应用〉

气体	性质	应用
氧气	·无色无味，供给呼吸。 ·帮助燃烧。	氧气呼吸（病患，潜水服，战斗机飞行员），气焊，宇宙飞船推进燃料
氮气	·无色无味，空气中有78%为氮气。 ·对人体无害。	食品包装和点心包装内部的填充气体，灯泡中钨丝的保护气
二氧化碳	·无色无味，比空气重。 ·阻碍燃烧，能使石灰水变浑浊。	碳酸饮料的制造，液体灭火剂，干冰，灭火器
氦气	无色无味，比空气轻。	潜水服的保护气，气球和飞船的填充气体
氢气	·无色无味，比空气轻很多。 ·燃烧时释放很多能量。	氢电池
天然气	·无色无味，比空气轻。 ·燃烧时产生少许有害物质。	家用燃气灶燃料（LNG, LPG）
氩气	无色无味，一般不与其他物质发生反应，十分稳定。	白炽灯和荧光灯的填充气体
氖气	无色无味，在低压下能通电发光。	霓虹灯内专用气体

〈各种分类标准下的气体分类〉

分类标准	气体的种类
构成空气的气体	氮气，氧气，氩气，二氧化碳等
燃料用气体	天然气（LNG, LPG），丁烷，沼气，氢气
照明器具用气体	氩气，氖气等

通过调查得出的结论 空气由很多种气体组成，每种气体都有其独特的性质。生活中有很多利用气体特性的例子。

获取氧气的方法

除了利用稀过氧化氢和二氧化锰获取氧气外，使用其他物质，也可以轻松获取氧气。

准备材料 塑料袋，漂白剂，刨丝器，土豆，线，钢丝绒，燃烧匙，打火机，集气瓶，玻璃片

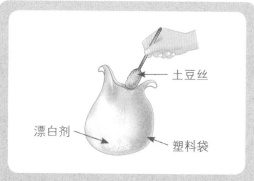

①用刨丝器把土豆刨成丝，然后和漂白剂一起放在塑料袋里。

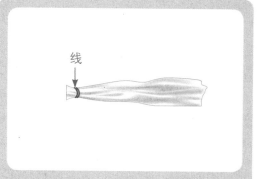

②把塑料袋中的空气都排出去，然后用线把塑料袋的封口封住。

③2～3小时后，土豆和漂白剂反应生成的氧气充满了塑料袋。

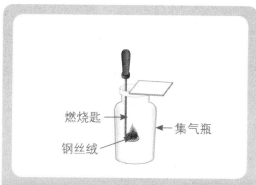

④把氧气移动到集气瓶中，用打火机点燃钢丝绒，放在集气瓶中，火势明显变旺。

参考 可以用玻璃瓶代替塑料袋。使用玻璃瓶时，把漂白剂和土豆丝放在瓶子中后，要用气球套在瓶口上，观察气球的变化。

土豆丝
＋
漂白剂

燃烧

物质燃烧时有什么现象呢？为了让物质易燃，需要些什么呢？

27 实验 利用各种物质玩火花游戏

点燃蜡烛，观察烛火会发现，烛火的大小几乎没有变化。观察在蜡烛上空抖落粉状物时，以及干冰散发出的气体对烛火的大小有什么影响。

准备材料 蜡烛，漏斗，面粉，糖粉，绿豆粉，支架，环，研杵和研钵，纸杯，干冰，手套，橡皮泥，药匙

①用环把漏斗挂在支架上，使漏斗的底部和蜡烛靠近。然后撒入各种粉状物。

结果　撒入面粉时烛火的样子　撒入绿豆粉时烛火的样子　撒入糖粉时烛火的样子

由于砂糖颗粒较大，所以应事先用研杵和研钵研细。

▲ 蜡烛的火苗变大了。

干冰的温度在零下78℃，所以用手去触摸很危险。

②把盛有干冰的纸杯靠近蜡烛。

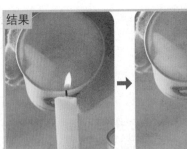
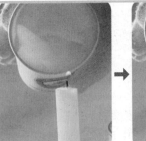

结果　▲ 越靠近蜡烛，火苗越小，最后熄灭。

通过实验得出的结论　把面粉、绿豆粉和糖粉撒在蜡烛上，火苗会变大。而把干冰靠近蜡烛，火苗会逐渐变小，最后熄灭。因此可以得知，有的物质能助燃，有的物质能阻碍燃烧。

28 观察 蜡烛燃烧时的变化

蜡烛在燃烧时会发光，将手靠近会感受到热量。下面让我们来了解蜡烛燃烧时还有哪些现象产生吧。

准备材料 蜡烛、打火机或火柴

蜡烛的顶端有烟出现。

烛火的颜色随位置而变化。

蜡烛芯的上部为黑色，下部为白色。

蜡烛融化成为液体。

烛泪有一部分流下来后凝固。

用手掌靠近蜡烛一侧会感到温暖，靠近烛火上方会感到灼热。

正面的蜡烛

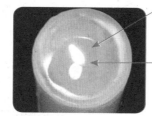

蜡烛芯周围的蜡首先融化。

蜡烛芯周围呈圆形，里边为液体状态的蜡。

俯视蜡烛

火苗的大小几乎没有变化。

蜡烛芯的长短几乎没有变化。

时间越长，蜡烛越短。

一段时间内蜡烛的变化

通过观察得出的结论 蜡烛燃烧时会发热。蜡烛的火苗颜色因位置的变化而不同。蜡烛燃烧时间越长，蜡烛越短，但是火苗的大小，蜡烛芯的长短几乎没有变化。

 科学家的眼睛

蜡烛是哪种物质在燃烧?

蜡烛的主原料是石蜡，在常温状态下为固体形态。石蜡属于碳氢化合物系列，是碳和氢的化合物。固体状态的石蜡在燃烧加热后会变成液体，最后变成气体。石蜡燃烧时，将玻璃管的一端靠近芯部，另一端放置一个点燃的火柴，会看到另一端有气体燃烧。也就是说，蜡烛燃烧的不是固体，而是气体。

在点燃蜡烛时需要一定的时间，就是因为蜡烛从固体变为气体需要花费一些时间。

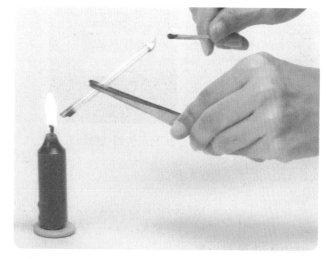

气体石蜡的燃烧

蜡烛燃烧时，会发出明亮的光和温暖的热。下面让我们来一起寻找生活中有哪些物质燃烧的例子，然后找出它们的共同点吧。

准备材料 物质燃烧的照片

树

煤气

蜡烛

火柴

酒精

石油

〈物质燃烧的共同点和不同点〉

共同点	不同点
·物质燃烧的样子相似。 ·燃烧时有光和热产生。 ·周围变得明亮和温暖。	·燃烧的物质不一样。 ·火花颜色不一样。

燃烧是什么？
燃烧是物质发出光和热的一种化学反应现象。

我们生活中应用火的实例

▲ 利用炭火烤肉。

▲ 利用天然气做饭。

▲ 利用燃气锅炉输送暖气。

▲ 利用木柴点燃篝火。

通过调查得出的结论 生活中树、煤气、蜡烛、火柴、酒精、石油等在燃烧时发出光和热。这种物质被称为可燃物。由于可燃物的特性，人们可以利用其照明、做饭、输送暖气和点燃篝火等。

物质燃烧需要哪些条件呢? 通过调节空气量来了解蜡烛熄灭的原因。

准备材料 蜡烛,集气瓶,高度大小相同的塑料瓶,打火机,橡皮泥

物质·燃烧和灭火

集气瓶状态不同, 火花的大小变化

▲ 火花本来的状态

▲ 罩上集气瓶后, 蜡烛火苗变小。

▲ 挪开集气瓶,火苗变大。

▲ 集气瓶完全罩在蜡烛上,蜡烛熄灭。

塑料瓶大小不同, 烛火熄灭的时间不同

①准备两根大小形状相同的蜡烛, 以及两个大小不同的塑料瓶。

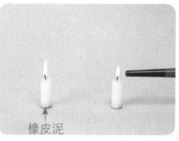

②用橡皮泥把蜡烛固定住, 然后点火。

③将两个塑料瓶分别罩在蜡烛上, 观察蜡烛熄灭所需时间。

结果

▲ 较小的塑料瓶中的蜡烛先熄灭, 较大的塑料瓶中的蜡烛后熄灭。

通过实验得出的结论 因为集气瓶是否罩在蜡烛上的不同, 蜡烛周围的空气量(氧气)也不同, 所以蜡烛火苗的大小也不同。把集气瓶完全罩在蜡烛上后蜡烛熄灭是氧气不足造成的。而由于集气瓶的大小不同, 为塑料瓶提供的空气(氧气)量也不同, 所以蜡烛燃烧的时间也不同。也就是说, 物质燃烧需要具备燃烧物和氧气等条件。

有什么方法可以使塑料瓶中的蜡烛不熄灭呢？下面让我们一起来了解通过有孔的塑料瓶是如何让蜡烛继续燃烧的吧。

准备材料　蜡烛，塑料瓶，彩色胶带，橡皮泥，打火机

←塑料瓶

①剪掉塑料瓶的瓶底，在三处地方钻直径为1cm的孔。

←彩色胶带

②用胶带将洞孔堵住。

←橡皮泥

③在瓶底处绕一圈橡皮泥。

④点燃蜡烛，盖上塑料瓶。

蜡烛燃烧的样子

结果

只堵住最上面的洞孔时

只堵住最下面的洞孔时

只堵住中间的洞孔时

◀ 上面和下面的孔打开时，蜡烛能长时间燃烧，火苗也很大。

观察香的烟气的移动

结果

▲ 把香放在下面的洞孔处，烟气往上流动。把香放在上面的洞孔处，烟气往外流动。

通过实验得出的结论　塑料瓶最上面和最下面的孔都打开时，蜡烛能持续燃烧。这时把香放在洞孔处，观察空气的流动，可以了解到蜡烛周围的空气从下向上流动。也就是说，因烛火而变热的空气上升，新的空气从下方的洞孔钻进来。因此，想让蜡烛一直燃烧，就应该保证空气的持续供给。

科学家的眼睛

救活熄灭的火苗

　　物质在燃烧时，需要空气中的氧气。在平时点燃落叶堆或者生炉灶的时候，之所以要吹风，是因为通过风的流动，可以为物质提供燃烧所需要的氧气。

　　在生活中通过调节空气量来帮助燃烧或者火势大小的例子有天然气的调节阀，暖气的空气调节孔，炭火调节阀等。

32 实验 不点火也能让物质燃烧吗

点燃物质一定要用火柴或打火机吗？下面让我们来了解不点火也能使物质燃烧的方法吧。

准备材料 放大镜，铁皮，棉手套，黑色纸，火柴

① 在铁皮上放一张黑色纸，然后把火柴头放在黑色纸上。

② 在另一张铁皮上放一张黑色纸，然后把火柴梗放在黑色纸上。

③ 使用放大镜同时把光聚到火柴头和火柴梗上。

▲ 放有火柴头的部分，火柴头首先起火点燃，而放有火柴梗的部分，黑色纸会先燃烧。

通过实验得出的结论 即使不点火，用放大镜聚光，也可以使东西燃烧。即物质达到一定温度后会开始自己燃烧。这个温度叫作**着火点**。物质燃烧需要具备可燃物、氧气和着火点以上的温度三个条件。而且从火柴头首先燃烧这一点可以看出，每种物质的着火点是不同的。

科学家的眼睛

聚光能达到850℃。

使用放大镜等物品聚光能达到多少度呢？韩国能量技术院太阳能·地热研究中心制作的碟形太阳能聚光系统，可以使温度达到850℃。该太阳能聚光系统直径为7.8m，上面有50个玻璃板，想要反射更多的光，玻璃越薄越好，因此该玻璃板的厚度为3.2mm，由含少量铁分的透明玻璃制作而成。为了使玻璃聚光性更好，减少被风、雨、冰雹腐蚀和干扰的可能性，它的背面涂了一层银。该聚光系统与放大镜聚光使树木燃烧的原理一致。巨大的聚光系统将反射到的太阳能汇聚到一处，导致高温的出现。

碟形太阳能聚光系统

把各种物品放在铁片上，用酒精灯对铁皮加热，比较各种物品的着火点。

准备材料 铁片，火柴，纸，酒精灯，三脚架，打火机

比较到达着火点的温度

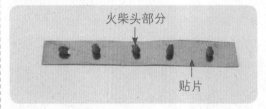

①在铁片上以一定间隔排列一排火柴头。

②使用酒精灯对铁皮的一角加热。

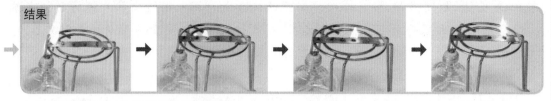

结果

▲ 越靠近酒精灯，开始燃烧的时间越早。

比较各种物品的着火点

①围绕铁片的中心以一定间隔一次排列一圈火柴头、火柴梗和纸。

②把酒精灯的灯芯放在铁片中心的正下方，对铁片加热。

结果

▲ 火柴头开始燃烧，接下来纸也开始燃烧。火柴梗部分没有燃烧，变成黑色。铁片没有燃烧是因为温度没有到达铁的着火点。

通过实验得出的结论 对铁片加热时，由于热的传导，靠近酒精灯的铁片温度会首先升高。如果铁片的温度到达物质的着火点，物质就会开始燃烧。由于越靠近酒精灯的地方，铁片温度越高，所以靠近酒精灯的物质会首先开始燃烧。如果用酒精灯对距离相同的火柴头、火柴梗和纸进行加热，由于着火点的不同，它们开始燃烧的时间也不同。着火点低的物质先开始燃烧，燃烧的顺序依次为火柴头→纸→火柴梗。

34 实验 对有水的气球加热会不会爆炸

对充满空气的气球加热，气球会爆炸。那么对有水的气球加热会怎样呢？利用气球的这个原理进行魔术表演吧。

准备材料 环，支架，酒精灯，打火机，水

①准备一个有水的气球。

②在支架上固定一个环，然后把气球放在上面。

③用酒精灯对有水的气球加热，观察其变化。

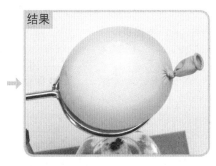

结果

◀ 对有水的气球加热，气球并不会爆炸。

通过实验得出的结论 虽然气球是极易被火点燃的物品，但对有水的气球加热，气球却不会爆炸。这是因为在对气球加热时，热量最先用于加热气球中的水，从而没有达到气球的着火点造成的。

科学家的眼睛

加热有水的纸杯

对有水的气球加热时，气球不会爆炸。对有水的纸杯也可以进行相同的实验。在支架上放置盛有水的纸杯，然后用酒精灯加热后，我们看不到纸杯燃烧，会看到纸杯内部有气泡产生。

气泡

各种物质的着火点

物质	着火点(℃)	物质	着火点(℃)	物质	着火点(℃)
黄磷	60	橡胶	350	棉	360
白磷	60	纸	220~400	煤炭	330~450
红磷	260	无烟煤	440~500	乙烷	520~630
硫黄	190	树	400~470	沼气	650~750

树木燃烧会留下灰烬。物质在燃烧后，会产生与燃烧前不同的物质。下面让我们一起来了解蜡烛、酒精、木块和钢丝绒燃烧后会生成哪些物质吧。

准备材料 蜡烛，酒精，木块，燃烧匙，集气瓶，打火机，玻璃片，玻璃吸管，石灰水，氯化钴试纸，实验用手套，保护镜

蓝色的氯化钴试纸遇水变成红色。

石灰水遇到二氧化碳会变浑浊。

①用燃烧匙点燃各种物质（蜡烛，酒精，木块，钢丝绒），然后盖上玻璃片。

②用蓝色的氯化钴试纸接触物质燃烧过的集气瓶内侧。

③再经历一次①的过程，把石灰水倒进集气瓶中并摇晃。

蜡烛燃烧

结果

▲ 氯化钴试纸变红，石灰水变浑浊。

木块燃烧

结果

木块燃烧后留下灰烬。

▲ 氯化钴试纸变红，石灰水变浑浊。

酒精燃烧

结果

▲ 氯化钴试纸变红，石灰水变浑浊。

钢丝绒燃烧

结果

钢丝绒燃烧后性质出现变化。

▲ 氯化钴试纸没有变红，石灰水没有变浑浊。

通过实验得出的结论 蜡烛、酒精、木头等物质在燃烧时，会生成二氧化碳和水。但钢丝绒在燃烧时不会产生二氧化碳和水。可燃物蜡烛和酒精燃烧后不会有物质残留，而木头会留下灰烬，钢丝绒燃烧后会留下铁。

为什么每种物质燃烧后生成的物质会不同呢?

物质燃烧的必要条件之一是空气中的氧气。物质在燃烧时会和氧气结合,生成二氧化碳和水。这是可燃物中的氢元素在燃烧时和氧气结合生成了水。可燃物中的碳元素在燃烧时和氧气结合生成了二氧化碳。

氧+氢→水(H$_2$O) 　　　　　　　　碳+氧→二氧化碳(CO$_2$)

我们已经知道,蜡烛和酒精在燃烧时,蜡烛和酒精会逐渐减少,并生成水和二氧化碳。这是因为蜡烛的主成分是石蜡,而酒精由氢和碳元素形成,所以在燃烧时不会生成水和二氧化碳以外的物质。而构成木头和纸的元素中,除了氢和碳,还包含了氮、硫黄等物质,因此可燃物燃烧后会留下灰烬。煤炭在燃烧后会留下固体状灰烬,这是煤炭中除了氢和碳,还包含有其他物质的原因。

为什么钢丝绒燃烧不会生成水和二氧化碳?

钢丝绒是由钢丝制作而成的,不含氢和氧。因此钢丝绒燃烧时,不会出现氢和氧结合产生的水,碳和氧结合产生的二氧化碳。将钢丝绒靠近磁铁,会被磁铁吸引。但是钢丝绒燃烧后,会出现氧化铁。氧化铁由于与氧元素结合,所以失去了铁的性质,不会被磁铁吸引。

←燃烧前的钢丝绒　　　←燃烧后的钢丝绒

▲ 燃烧前的铁和燃烧后的铁是两种不同的物质。

遇水变色的蓝色氯化钴试纸

为了了解燃烧后生成的物质,我们会用到氯化钴试纸。氯化钴试纸是将纸放在氯化钴溶液中,充分浸透后取出晾干制作而成的。氯化钴试纸遇水会变成红色。这是氯化钴中含有的钴离子所引发的现象,钴离子没有与水结合呈现蓝色,与水结合会变成红色。但是在实验过程中,如果试纸上的水过多,那么只有没被水完全浸透部分的边界处会呈现红色。这是因为被水浸透的试纸部分,其中含有的完全钴离子溶于水中,没有任何反应,而边界处有钴离子残留,钴离子与水反应呈现出了红色。

保存氯化钴试纸时,应该将其放在干燥的地方。如果空气湿度较大,氯化钴试纸变成红色,可以使用酒精灯将其烤干。

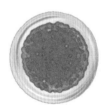

氯化钴结晶

与水结合后的氯化钴

物质·燃烧和灭火

灭火

物质燃烧需要具备可燃物、氧气和着火点以上的温度三个条件。那么阻止燃烧需要怎么做呢?

36 实验 了解灭火的方法

物质燃烧必须具备可燃物、氧气和着火点以上的温度这三个条件。只要消灭三个中的一个条件,就可以使燃烧停止,这种做法被称为灭火。下面让我们利用蜡烛来了解各种灭火方法吧。

> 准备材料 蜡烛,打火机,铝箔,杯子,吸管,剪刀,喷壶,水,橡皮泥,干冰,抹布,铜丝,集气瓶

去掉可燃物

▲ 用呼吸吹走气体状态下的可燃物。

▲ 用铝箔将蜡烛包裹,使燃烧无法获得可燃物。

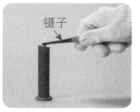

▲ 把通过蜡烛芯获得的液体状态的可燃物隔断。

隔断氧气

▲ 隔断周围的氧气供给。

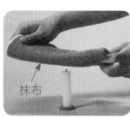

▲ 用抹布断绝氧气的供给。

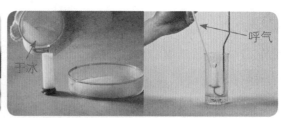

▲ 二氧化碳隔断氧气。

着火点以下的温度

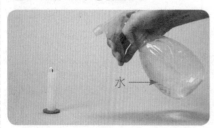

▲ 因为水,温度下降到着火点以下。

▲ 因为铜线,温度达到着火点以下。

科学家的眼睛

森林火灾

中国现在每年平均发生森林火灾约1万多次，烧毁森林几十万至上百万公顷。我国的黑龙江大兴安岭、内蒙古呼盟地区和新疆阿尔泰等地区极易因气候异常干燥、气温持续偏高、风力过大及人为放火等原因引发火灾。因此，在野外郊游时应当注意用火安全，保护森林，人人有责。

森林火灾

生活中的灭火

▲ 利用沙子、被子、灭火器等隔断氧气的供给。

▲ 去掉灶台中的天然气、树木等可燃物。

▲ 利用酒精灯盖使温度维持在着火点以下，并隔断氧气的供给。

▲ 利用水使温度降到着火点以下，隔断氧气的供给。

通过实验得出的结论 燃烧必需具备可燃物、氧气和着火点以上的温度三个条件，消灭其中的一个条件就可以灭火。关掉天然气灶的阀门为去掉可燃物，小型火灾发生时使用沙子、被子或灭火器等为隔断氧气供给，洒水为降低温度，使温度降到着火点以下。

火灾的发生不分时间和场合。火灾发生不仅会对财产造成损失，还会威胁人的生命安全。因此当火灾发生时，需要我们采取合适的应对方案。下面让我们来调查火灾发生时的应对方法有哪些吧。

火灾发生的主要原因

▲ 玩火

▲ 在山上乱扔烟头

▲ 使用多用插座

▲ 易燃物品保管不当

灭火器的使用方法

①将灭火器拿到起火处。

②拔掉保险销。

③背对着风，将管子对着有火的地方。

④用力压下压把灭火。

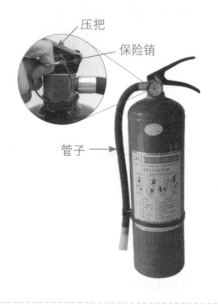
压把
保险销
管子 →

 **38** 调查 **认识身边的消防设施**

为了将火灾发生时产生的危害减至最小，平时需要事先准备好消防设施。下面我们一起来寻找身边有哪些消防设施吧。

家庭中的消防设施

简易灭火器

公寓内消火栓

天花板上的自动喷水灭火装置

火灾发生时的应对措施

爬到屋顶或高处大喊。

不要在着火处下去。

按响警铃，给119打电话。

不要乘电梯。

警铃

119

捂住鼻子爬行。

使用楼梯而不是电梯。

不要跑到家具底下。

门的拉手也许很烫，不要用手直接触摸。

通过调查得出的结论 火灾发生大部分都是人们疏忽大意造成的。在火灾的初期使用灭火器灭火非常重要。而且，在火灾发生时，一定要正确应对，避免对生命安全造成危害。

公共场所的消防设施

消火栓

防火门

消防栓箱

灯光疏散指示标志

手动紧急照明

通过调查得出的结论 我们能够轻松使用的消防设施有简易消防器。近几年来，在建设房屋的时候安装自动喷水灭火装置已经成为常态。为了减少火灾带来的二次危害，公共场所中到处安装了防火门、灯光疏散指示标志、手动紧急照明等装置。

森林火灾发生后，为了寻找到火灾发生的地点，需要进行调查。朝向火灾蔓延的逆方向寻找，可以找到最早的火源地。负责调查的人被称为森林火灾调查专家。森林火灾调查专家是怎样调查火灾的蔓延方向的呢？我们也像火灾调查专家一样制作森林火灾调查报告书吧。

准备材料 森林火灾调查相关的资料

森林火灾调查标记

火势前进的方向

易拉罐上的痕迹
先接触到火的部分会留下灰烬或变色。

火势前进的方向

烧过的树木留下的痕迹
与火势前进相反的方向会留下更多的灰烬。

参考 制作森林火灾调查报告书的方法
①了解火灾发生地的相关资料。
②利用火灾的标记如易拉罐、树木、石头、青草等寻找火灾发生地。
③分析找到的标记。
④推断火灾的前进方向。
⑤推断火灾的原因。
⑥分析火灾造成的损失。

火势前进的方向

石头上留下的痕迹
先接触到火的部分会留下痕迹，因为过热石头有可能变形。

火势前进的方向

青草上的痕迹
有长长灰烬的地方，意味着先接触过火。

通过调查得出的结论 为了调查火灾发生的原因和火势前进的方向，需要我们灵活利用森林里的标记。易拉罐、石头等不易被火燃烧的物质上，会按照火势前进方向留下火烧过的痕迹，而树木等易被燃烧的物质上，会按照火势前进反方向留下火烧过的痕迹。利用这种标记，我们可以分析出火灾的行进方向，推断火灾发生的原因。

科学家的眼睛

怎么监测森林火灾的发生？

在国际上，一些国家已经通过先进的技术监测森林火灾的发生，比如，德国通过Fire-Watch森林火灾自动预警系统，美国运用护林飞机和红外遥感火灾预警飞机巡逻，加拿大采用卫星寻回监测系统。这些技术，有的方案基础实施投入成本过高，难以满足我国森林资源监测的实际需要。中国目前采用地面巡护、瞭望台监测、航空监测和卫星遥感监测结合的方式，建立一个全方位的森林火灾预警体系。同时，我们在发展视频监测系统和智能的森林防火立链。

森林火灾原因调查

火灾种类不同，使用的灭火器也有差别

灭火器适用于火灾的初期，是一种易于搬动的灭火工具。灭火器因内含物质和使用方法的不同，可以分为很多种，我们生活中较常使用的灭火器有泡沫灭火器、干粉灭火器、卤化物灭火器、二氧化碳灭火器等。

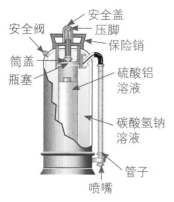

泡沫灭火器

倒置晃动泡沫灭火器，灭火器中的碳酸氢钠溶液和硫酸铝溶液会发生化学反应，生成二氧化碳和氢氧化铝。二氧化碳泡沫和氢氧化铝泡沫会隔离空气的供给。这种灭火器适用于木材、纤维等火灾，汽油等油类或药品的火灾也可以使用该灭火器，但并不适用于电气火灾。

干粉灭火器

干粉灭火器是利用二氧化碳、氮气等不易燃烧的高压气体喷洒碳酸氢钠粉末或磷酸铵粉末进行灭火的工具。这种灭火器中的干粉接触到火之后会生成二氧化碳等各种气体，以此来隔离空气，适用于扑灭油类、电气类、化学药品类火灾。而且这种灭火器在使用后必须倒置，将剩下的气体放出，再换上新的充满高压气体的容器，在这种状态下保管干粉。

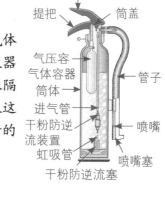

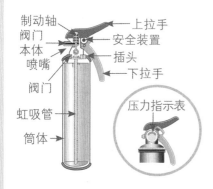

卤化物灭火器

卤化物灭火器是一种使用卤化物气体灭火的工具，一般火灾、油类、化学药品类、电气类、气体类火灾都能使用。

使用时应该注意内容物处于加压状态，如果温度在49℃以上容易泄露。

二氧化碳灭火器

二氧化碳灭火器是将液态二氧化碳压缩在钢瓶中，喷出时，液体二氧化碳会变成干冰，喷在着火处后，能起到隔离空气的作用。而且干冰的温度在-78.5℃，具有极强的降温效果。但是接触喷嘴有可能会被冻伤，因此使用时一定要抓住把手，不要接触到喷嘴。

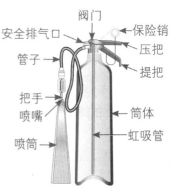

能量

start!

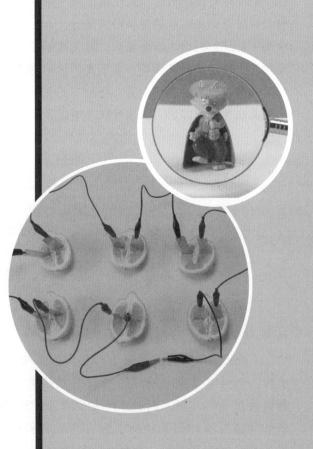

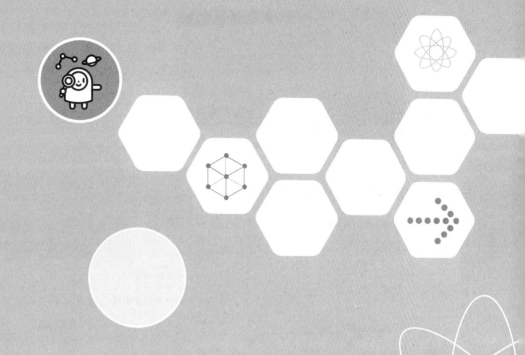

　　"能量"是度量物体运动的一种物质量，可以用来研究宇宙中所有物质的运动和特性。让我们一起来探索包括声音和光在内的波动，力量和运动，电和磁，热能等世间万物的原理吧。

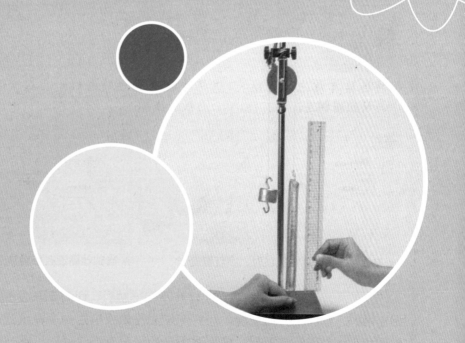

电路

我们生活中的必需品——电，既看不到也摸不到。
那么我们是怎么知道电的流动的呢？

观察 40 利用铁丝制作电路玩具

利用铁丝制作玩具，观察小灯泡亮和不亮
时有什么不同。

准备材料 电池，电池盒，电线夹，
小灯泡，小灯泡灯座，铁丝，尖嘴钳

> 弯曲铁丝时，
> 一定要注意不要让
> 铁丝头对着眼睛，
> 防止误伤眼睛。

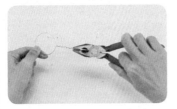

①剪一条长约20cm的铁
丝，制作一个直径为
2cm的圆圈。

②再剪一条长为80cm的
铁丝，制作成如图所
示弯曲的形状。

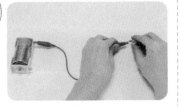

③用电线连接电池和灯泡。

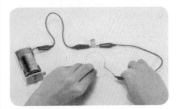

④将连接有灯泡的电线
与铁丝圈相连。

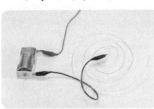

⑤将连接有电池的电线
与铁丝线相连。

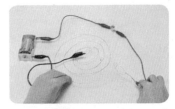

⑥尝试将铁丝圈放在铁丝线
中，然后通过铁丝线。

结果

▲ 当铁丝圈接触到铁丝线时，小灯泡发光。

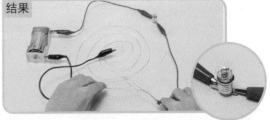

结果

▲ 当铁丝圈没有接触铁丝线时，小灯泡不发光。

通过观察得出的结论 当铁丝圈和铁丝线不相接触时，小灯泡不发光。而铁丝圈和铁丝线
相接触时，小灯泡开始发光。小灯泡发光是因为电路中有电流通过。也就是说，当铁
丝圈和铁丝线没有接触时，电路是断开的，没有电流通过。而当铁丝圈和铁丝线接触
时，电路形成，有电流通过。

将电池、电线、小灯泡、开关等电器元件连接起来形成的导电回路被称为电路。下面让我们来了解想让小灯泡发光，应该怎么连接电路吧。

准备材料 电池，电线，小灯泡，斜口钳，透明胶带

去掉电线橡皮层

▲ 使用斜口钳去掉两根电线两端的橡皮层。

用两根电线连接电池和小灯泡，确认灯泡是否会发光

▲ 小灯泡不发光

铜片
接触点

▲ 小灯泡不发光

▲ 小灯泡发光

▲ 小灯泡不发光

用一根电线连接电池和小灯泡，确认灯泡是否会发光

▲ 小灯泡发光

▲ 小灯泡不发光

▲ 小灯泡发光

▲ 小灯泡不发光

通过实验得出的结论 用两根电线连接时，只有将灯泡的接触点、铜片、电池的正负极都连接起来，灯泡才会亮。而用一根电线连接时，电线与灯泡的铜片（接触点）、电池的负极相连的情况下，以及电线与灯泡的铜片（接触点）、电池的正极相连的情况下，灯泡会发光。也就是说，只有灯泡的接触点、铜片和电池的两端连成一条线，才会形成闭合电路。

能量·电

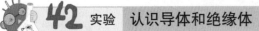
电插头插到插座中的部分为什么是金属制作的呢？了解了有哪些物质导电，哪些物质不导电，就可以寻找到这个问题的答案啦。

准备材料 电池，电池盒，电线夹，小灯泡，小灯泡灯座，开关，各种物品（铁勺、硬币、铝箔、曲别针、钉子、纸、气球、木筷、吸管）

连接电路检测器

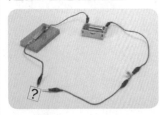

①连接电池、小灯泡、电线、开关，形成电路，检测有哪些物体导电，哪些物体不导电。

②在电路的 ? 处连接各种物体。

③合上开关，观察有哪些物体会使小灯泡发光。

用电路连接各种物体

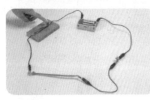

▲ 铁勺——灯亮

▲ 硬币——灯亮

▲ 纸——灯不亮

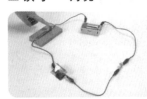

▲ 铝箔——灯亮

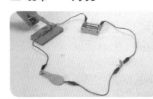

▲ 气球——灯不亮

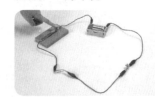

▲ 曲别针——灯亮

▲ 木筷——灯不亮

▲ 钉子——灯亮

▲ 吸管——灯不亮

〈导电的物体和不导电的物体〉

种类	实验结果	共同点
使灯泡亮的物体	铁勺、硬币、铝箔、曲别针、钉子	都是由铁、铝、铜等金属物质构成。
不能使灯泡亮的物体	纸、气球、木筷、吸管	由树木、橡胶、塑料等构成。

通过实验得出的结论 由铁、铝、铜等金属构成的物体与电路连接时，灯泡会亮。而由树木、橡胶、塑料等构成的物体与电路连接时，灯泡不会发亮。灯泡亮意味着形成了一个完整的电路，有电流通过。也就是说，金属有导电的性质。而树木、橡胶、塑料等物质则具有不导电的性质。像这种善于导电的物体叫作**导体**，不善于导电的物体叫**绝缘体**。

电器元件中的导体和绝缘体

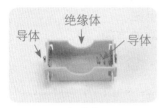

绝缘体
导体 ← → 导体

电池盒

导体
灯座

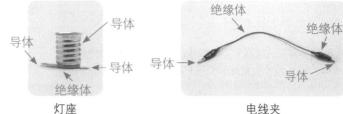

绝缘体 绝缘体
导体 → ← 导体

电线夹

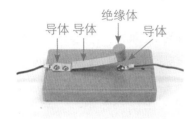

导体 导体 绝缘体 导体

开关

插头

绝缘体 绝缘体
导体
绝缘体

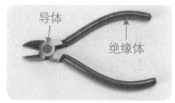

导体
绝缘体

钳子

电灯泡的构造

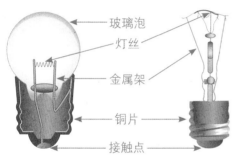

玻璃泡
灯丝
金属架
铜片
接触点

▲ 一般电灯泡的灯丝由钨丝制成，玻璃泡内为真空状态，或充满了氩气、氮气等气体。

电池的构造（锌锰干电池）

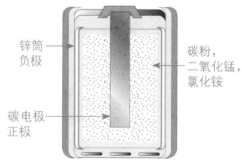

锌筒
负极

碳粉，
二氧化锰，
氯化铵

碳电极
正极

▲ 电池中，碳电极正极在锌筒负极中间，正负极之间填充有碳粉、二氧化锰和氯化铵的混合物。

浮标型太阳能发电机

　　水产科学院开发了一种像塑料浮标一样飘浮在水面上，能够发电的"浮标型太阳能发电机"。由球形电池和透明的树脂盖构成的这种浮标型太阳能发电机，不会因风或波浪而波动，能够吸收照射到海洋上的太阳能，将其转换成电能。

　　在陆地上的太阳能电池板需要考虑到与太阳形成的角度问题，而浮标型太阳能发电机可以设置在海平面、湖面或者较窄的土地上，不论设置地的环境和面积如何，都能够很好地吸收太阳能发电。

许多个相互连接的太阳能电池

设置在渔场的浮标型太阳能发电机

浮标型太阳能发电机

串联和并联

生活中常用的电器中，连接电池和灯泡的方式多种多样。那么为什么电池和灯泡的连接方式会不同呢？

43 实验 串联和并联电池，小灯泡哪个更亮 ❓ 🔗 ❗

在使用好几个电池的情况下，电池的连接方式因电器产品的不同而有所差别。为什么电池的连接方式会不同呢？观察不同电池连接方式下小灯泡的亮度，寻找电池连接方式不同的原因。

准备材料 电池，电池盒，电线夹，小灯泡，小灯泡灯座

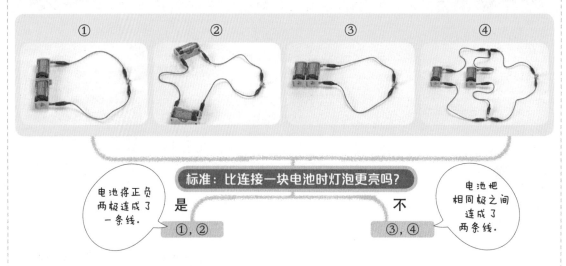

① ② ③ ④

标准：比连接一块电池时灯泡更亮吗？

电池将正负两极连成了一条线.

是 ①，②

不 ③，④

电池把相同极之间连成了两条线.

在分类后的电池组中，分别取下一块电池

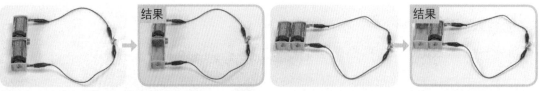

结果 结果

▲ 在电池的串联下，由于电路只有一个，所以取下一块电池，电路被打破，灯泡不再发光。

▲ 在电池的并联下，电流流动的路线不只一条，所以即使取下一块电池，电流仍未中断，灯泡继续发光。

通过实验得出的结论 将两块电池按照不同的方式连接比较电池的亮度，可以将其分为比连接一块电池时灯泡更亮的一类，以及亮度差不多的一类两种。比连接一块电池更亮的一类是正负两极连成一条线的电路，而与连接一块电池亮度相似的一类两块电池同极之间连成了两条线。正负两极连成一条线叫作**串联**，而同极连成两条线叫作**并联**。

44 实验 **串联和并联灯泡，哪个情况更亮**

如果小灯泡的连接方式不同，那么小灯泡的亮度会有什么不同呢？下面让我们使用不同的方式连接两个小灯泡，比较小灯泡的亮度吧。

准备材料 电池，电池盒，电线夹，小灯泡，灯座

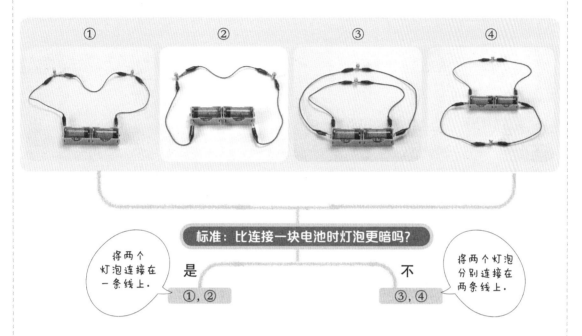

① ② ③ ④

标准：比连接一块电池时灯泡更暗吗?

将两个灯泡连接在一条线上。

是 ①,②

不 ③,④

将两个灯泡分别连接在两条线上。

参考 灯泡不够亮，两个灯泡连在一条线上叫**串联**。灯泡更亮，电线分成两条连接灯泡，叫作**并联**。

在分类后的电池组中，分别取下一块电池

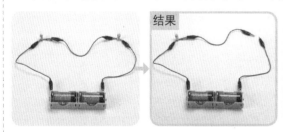

结果

结果

▲ 由于串联线路中，电流流动的路只有一条，所以取下一块电池后，电路断开，灯泡不再发亮。

▲ 在并联线路中，从电池中出来的电流的路有两条，即使取下一块电池，电流也能够通过，因此灯泡继续发光。

通过实验得出的结论 使用不同的方式连接两块电池比较灯泡的亮度，可以按照是否比连接一个灯泡时更暗为标准，将其分为很暗和亮度差不多两种。将许多个灯泡连在一条线上叫**串联**，而将多个灯泡分别安装在两条以上的线路上叫**并联**。

使用电路图就可以将电池、小灯泡、电线、开关等轻松连在一起。下面让我们一起来了解电路元件的表示符号，以及画电路图的方法吧。

> 准备材料 电池，电池盒，电线夹，小灯泡，灯座，电动机，开关

集中常见的电路元件及其符号

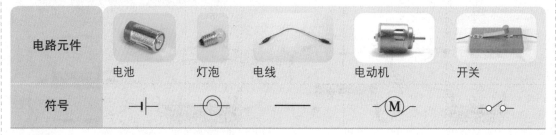

电路元件	电池	灯泡	电线	电动机	开关
符号	—⊢⊢—	—◯—	——	—Ⓜ—	—◦✓◦—

按照电路，使用符号绘制电路图

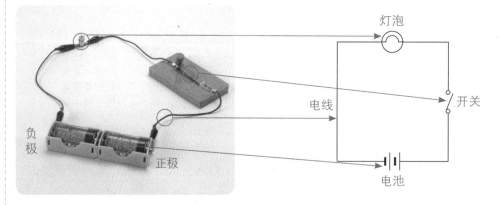

按照电路图连接电路

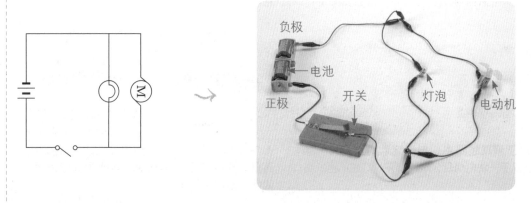

> **通过实验得出的结论** 电路图用各种元件符号将电路简单表示出来。为了更直观、简单地了解电路图，一般电路图为长方形。电路元件的连接顺序和电路图中绘制的元件符号顺序一定要一致。特别需要注意的一点是电池的符号。电池符号中较长的线代表正极，较短的线表示负极。

46 实验 了解电流移动的方向

电持续移动的现象叫电流。电流向哪个方向移动呢？观察连接有LED的电路，了解电流移动的方向。

准备材料 电池，电池盒，电线夹，小灯泡，灯座，LED

LED的特性

· LED是一种有微小的电流通过也能够发光，可以长时间使用的环保光源。
· LED有两根管，一根管长，一根管短。
· 长管为正极，短管为负极。
· 电流从长管流向短管时会发光。

观察连接有LED的电路中的LED

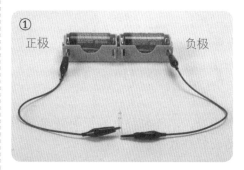

① 正极 ———— 负极

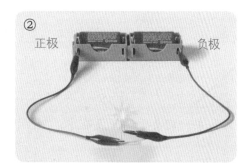

② 正极 ———— 负极

▲ LED中电流从长管向短管移动时具有发光的性质。在①中LED的长管连接了电池的负极，LED不发光。而在②中LED的长管连接了电池的正极，LED发光。通过这一实验我们可以知道，电流从电池的正极出发，经过LED到达电池的负极。

用箭头标示电流移动的方向

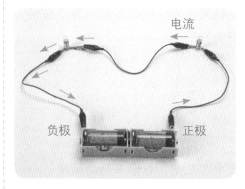

电流

负极 ———— 正极

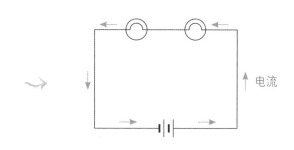

电流

通过实验得出的结论 把LED的长管与电池的负极相连，LED不发光，与正极相连，LED发光。LED具有电流从长管流向短管时会发光的性质。因此我们可以得知电流从电池的正极向负极移动的事实。电流的方向可以通过箭头的方式在电线上面或旁边标示出来。

电的使用

电为我们的生活提供了多种便利，是一种珍贵的资源。为了安全节约用电，我们应该怎么做呢？

47 调查 学会如何安全用电

电不仅对我们的生活重要，同样也是所有产业发展的动力。但用电不当有可能引发触电或火灾事故，造成巨大的损失。下面让我们来了解一些安全用电的方法吧。

准备材料 网络，与电相关的书籍，报纸

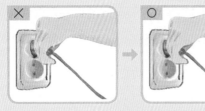

接触电器时，手一定要干燥，没有水。

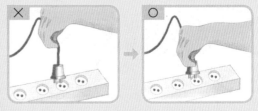

拔下插头时，不要扯拽电线，而是用手抓住插头轻轻拔下。

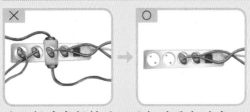

使用插座或插排时不要超过最大功率。

在湿气较大的洗手间或浴室，为了使插座接触不到水汽，应该安装防水盖。

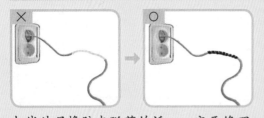

电线外层橡胶皮脱落的话，一定要修理后再使用。

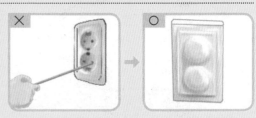

如果家中有儿童，对于不用的插座，一定要盖上防护盖。

通过调查得出的结论 水能导电，因此用电时一定要注意不能接触水。在使用插座或插排时，要注意不要超过其最大功率，不用的电器应将插头拔下。外层橡胶皮脱落的电线或者有问题的家电，应该尽快修理后使用。

使用家电方法不当会造成电的浪费。如何使用家电，才能做到节约用电呢？下面让我们一起来了解节约用电的方法吧。

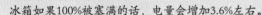
准备材料 网络，
相关书籍，报纸

能量·电

冰箱
·等热食变凉后再放进冰箱。
·冷冻室和冷藏室温度不宜设定太低。
·只塞满冰箱的60%左右。
冰箱如果100%被塞满的话，电量会增加3.6%左右。

空调
·室内最适宜的温度为26℃～28℃
·打开空调的最小风，与风扇一起使用。
·每隔一个月清扫一次空调过滤网。

电视
每次调大声音，或者用遥控器换台时，用电量就会增加。因此声音应调到适当，不要频繁换台。

洗衣机
·衣服的多少与电量无关，因此最好将多件衣服攒在一起一次性清洗。
·不使用洗衣机时要拔下洗衣机的插头。

电脑
·不使用电脑时，要拔下主机、显示屏的插头。
·长时间离开电脑时，应设置"显示屏关闭"功能。

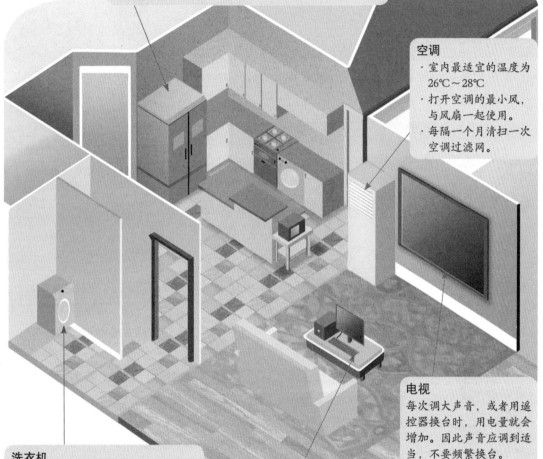

通过调查得出的结论 即使使用同一个电器，由于使用方法的不同，所需电量也会有所差别。在家电中，如果选择能量消耗等级为1级的产品，在不使用的时候一定要拔下插头。而且电费收费方法为累进制和450小时以上费用提高，所以大家要注意到这一点，适当调节家中的用电量。

我们能亲手制作电池吗？下面让我们一起使用生活中常见的柠檬等物品来制作电池吧。

准备材料 柠檬，铜片，锌片，电线夹，LED，砂纸

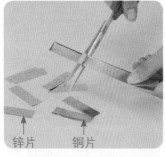

①准备长为5cm的锌片和铜片。

②用砂纸打磨锌片和铜片。

③将三个柠檬各切成两半。

④在切成两半的柠檬上插入铜片和锌片。

⑤依次排列好插有铜片和锌片的柠檬。

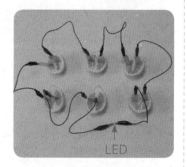

⑥用电线夹连接铜片—锌片，然后在两个电线夹相接处连接LED。

▲ LED灯亮了。

通过实验得出的结论 在柠檬上插入锌片和铜片，并用电线连接起来后，由于柠檬汁，铜和锌之间会产生电流，LED因此发光。也可以用银或者镁代替锌，橙子、葡萄等各种水果代替柠檬。除此之外，使用盐水或硬币也可以发电。使用一个水果很难让LED或小灯泡发光，因此最好使用多个水果。

科学家的眼睛

可以代替柠檬的水果有哪些呢？

在柠檬上插入锌片和铜片后有电流通过的原因在于柠檬中含有的柠檬酸（枸橼酸）。也就是说，两个电极之间要有电流通过，必需成分是酸（Acid）。因此果汁中含有酸成分的橙子、葡萄柚、葡萄等水果都可以代替柠檬发电。

发电的动物

能量·电

不只是人会用到电。电鳗、电鳐等鱼类也会自己发电来使用。其中最有名的当然是电鳗啦。

电鳗放出的电十分强烈，能使一匹马昏厥或死亡，但是电鳗自己却不会被电到。这是为什么呢？

占据电鳗3/4左右的尾部肌肉是能发电的地方，相当于电板。许多个排成一列的电板与将很多电池串联起来连接的效果相同。像这种排成一列的电板大约有140列，并列排在肌肉中。

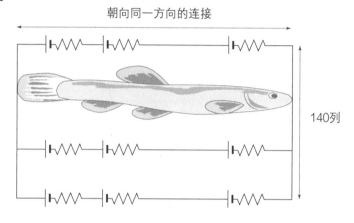

朝向同一方向的连接

140列

正是由于这种电板的排列（140个并列的电路），在电鳗身体中流过的电流还不到在水中流过的电流的1/140。所以电鳗能放出对其他动物造成伤害的强大电流，又不会电到自己。

电鳗

电鳐

电鲇

物体的运动

我们身边有能动的物体和不能动的物体。要怎么区分哪些物体能动，哪些物体不能动呢？

50 实验 制作橡皮筋动力车

使用常见的材料可以制作能动的物体吗？下面让我们来用塑料瓶、橡皮筋等材料来制作橡皮筋动力车吧。

准备材料 一字螺丝刀，塑料瓶，橡皮筋，曲别针，透明胶带，一段蜡烛，木筷，铁丝，刀子，剪刀

①用一字螺丝刀在塑料瓶底做一个1cm左右的洞。

②将一个塑料瓶的上部用剪刀剪去。

③以两根橡皮筋为一组，如图所示将两组橡皮筋连接。

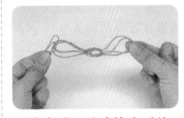
④橡皮筋一端连接曲别针。

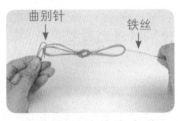
⑤连接曲别针的橡皮筋，另一端连接铁丝。

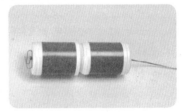
⑥连接有曲别针和铁丝的橡皮筋穿过塑料瓶。

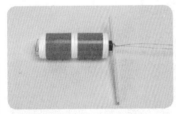
⑦用铁丝穿过塑料瓶底的孔和蜡烛的孔，将橡皮筋和木筷连起来。

⑧抽出和橡皮筋连在一起的铁丝，用透明胶带将曲别针固定在瓶子上。

⑨在瓶身上缠上四根橡皮筋。

通过实验得出的结论 橡皮筋动力车在缠上橡皮筋后，开始以缠绕的橡皮筋逐渐松开的力量向前移动。制作橡皮筋动力车时，塑料瓶上的孔不要太小。与橡皮筋相连的铁丝长度应该比塑料瓶身长才行。

应该如何比较橡皮筋动力车的快慢呢？下面通过各种方法进行橡皮筋动力车竞赛，比较它们的快慢吧。

准备材料 橡皮筋动力车，秒表，尺子

能量·运动

制定橡皮筋动力车竞赛的规则

· 橡皮筋缠绕的圈数相同。

· 脱离轨道的动力车，测量距离时应该是从出发点到抵达点的直线距离。

距离一定的比赛

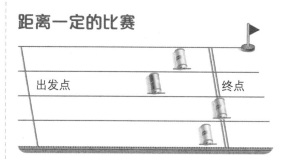

在距离一定的赛跑中，最早到达终点的橡皮筋动力车最快。

时间一定的比赛

在时间一定的赛跑中，距离最远的橡皮筋动力车最快。

一直到自动停止为止的比赛

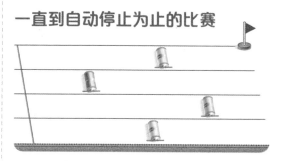

一直到动力车自动停止为止的比赛中，跑的最远的橡皮筋动力车最快。

斜面比赛

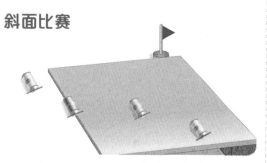

在斜面比赛时，跑的最高的橡皮筋动力车最快。

通过观察得出的结论 由于比赛种类的不同，比赛方式也不同。在距离一定的比赛中，在最短的时间内抵达终点的橡皮筋动力车最快，在时间一定的比赛中，跑的距离最远的橡皮筋动力车最快。由此可以看出，比较物体的快慢时，移动时间和移动距离起着重要的作用。

科学家的眼睛 利用橡皮筋弹力的橡皮筋动力装置

像橡皮筋动力车一样利用橡皮筋回弹的力量移动的装置叫橡皮筋动力装置。利用橡皮筋的弹力，可以制作橡皮筋动力飞机，橡皮筋动力船和各种其他装置。

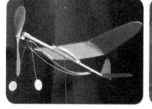

橡皮筋动力飞机

橡皮筋动力船

有哪些物体是动态的？有哪些物体是静态的？下面就让我们来了解什么是运动，并对动态的物体和静态的物体进行分类吧。

准备材料 动态的物体照片，静态的物体照片

区分动态的物体和静态的物体

① ② ③ ⑤ ⑥ ⑦ ⑧
④

是动态的物体吗？

位置因时间而变化. 是 ②，③，⑥，⑦

不 位置不因时间而变化. ①，④，⑤，⑧

运动是什么?

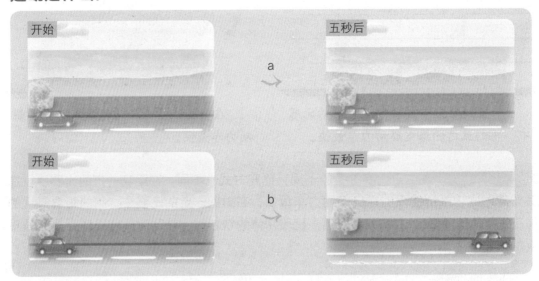

开始　　　　　　五秒后
a

开始　　　　　　五秒后
b

▲ 判断物体是否有移动时，需要一个参照物。人们一般以地面或自己为参照物来判断物体的移动。以地面或自己为参照物时，过一段时间后，如果物体位置有变化则为移动，没变化则为没有移动。在上面的图片中，以左边的树为参照物，5秒后，位置没有变化的（a）没有移动，位置发生变化的(b)移动了。像（b）一样位置因时间发生变化的现象叫作运动。

通过调查得出的结论 和参照物比较的时候，物体的位置随时间变化而变化的，则移动了，没有因时间的变化而变化的，则没有移动。随时间发生变化的现象叫**运动**。

物体的位置随时间变化的现象叫运动。那么运动是怎么表现的呢？下面让我们一起利用时间和位置的变化来表现运动吧。

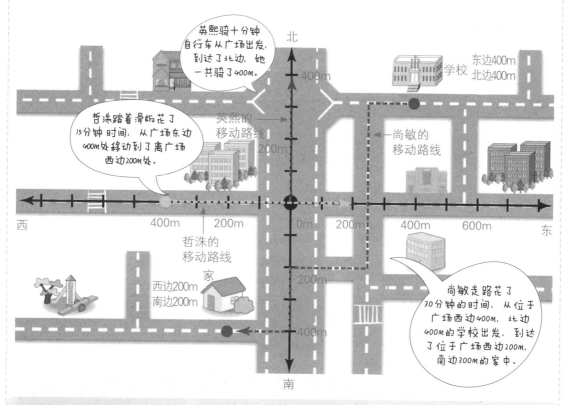

> 英熙骑十分钟自行车从广场出发，到达了北边，她一共骑了400m。

> 哲洙踏着滑板花了15分钟时间，从广场东边400m处移动到了离广场西边200m处。

> 尚敏走路花了30分钟的时间，从位于广场西边400m，北边400m的学校出发，到达了位于广场西边200m，南边300m的家中。

英熙的移动路线

尚敏的移动路线

哲洙的移动路线

学校 东边400m 北边400m

家 西边200m 南边200m

通过调查得出的结论 物体的运动可以通过时间和位置的变化表现出来。这时物体的位置应该通过参照物的方向和距离来表现。

科学家的眼睛

在跑步机上跑步的人有在运动吗？

随时间变化而出现位置变化的现象叫运动。但是在跑步机上跑步的人，不管过多长时间位置都不会有变化。这么说的话，在跑步机上跑步的人没有在运动吗？物体的位置变化，一定是以参照物为标准的距离变化。在旁边的人看来，在跑步机上跑步的人位置没有变化。但是这里的参照物应该是刚开始跑步时的跑带位置。因此刚开始跑步时的跑带位置跟跑步以后的位置有所不同，所以在跑步机上跑步的人的位置也会随时间变化，即在运动。

参照物

实际移动距离

跑步机的跑带

物体运动的快慢

比较物体运动快慢的方法有哪些呢？

54 调查　了解路程固定时，比较物体运动快慢的方法

如何比较路程固定时，物体运动的快慢呢？下面让我们一起来比较路程一定时，物体运动的快慢吧。

准备材料　运动比赛的资料（网络搜索，新闻，报纸资料等）

路程固定时比较物体运动快慢的情况

短道速滑

田径

跑车比赛

游泳

长橇比赛

机器有轨比赛

〈2014年索契冬奥会女子短道速滑1500米比赛结果〉

国家	姓名	时间
	周洋	2：19：140
	沈石溪	2：19：239
	方塔娜	2：19：416

◀ 在距离一定的情况下，可以比较他们在一定距离中所用的时间来比较他们的快慢。到达终点所用时间少的物体比所用时间多的物体要快。因此在2014年索契冬奥会1500米短道速滑女子组比赛中，1500m的路程花费时间最少的中国选手周洋获得冠军。

通过调查得出的结论　路程固定时，比较物体运动快慢，需要比较物体走完路程所用时间。物体在一定距离中，用的时间越短，速度越快。

如何比较时间固定时物体运动的快慢呢？下面让我们一起来比较时间一定时，物体运动的快慢吧。

准备材料　各种动物1分钟内移动距离的资料

〈各种动物一分钟内移动的距离〉

动物的种类	一分钟内移动的距离
人	600m
猫	804m
秃鹫	1020m
猎豹	1800m
马	1200m

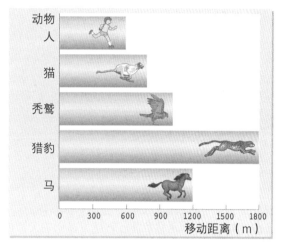

▲ 在时间一定的情况下，我们可以通过比较物体在一定时间内移动的距离，来比较他们的快慢。在一定时间内，移动距离长的物体比移动距离短的人要快。因此在各种动物一分钟时间移动的距离中，我们可以看出猎豹最快，人最慢。

通过调查得出的结论　时间固定时，比较物体快慢，需要比较物体在一定时间内移动的距离。在一定时间内移动距离越长，物体运动越快。

科学家的眼睛
频闪摄影（连闪摄影）

频闪摄影是指以一定的时间间隔，记录动体连续运动过程的摄影。例如，在为每0.1秒闪一次光并移动的物体拍照时，在一张照片上可以记录下物体每隔0.1秒移动的样子。由于使用频闪摄影拍下的物体以固定的时间间隔运动，所以测定出物体间的距离就可以计算出它的快慢。

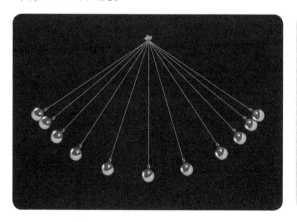

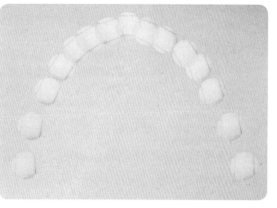

10秒钟跑50m的人和20秒钟跑200m的自行车哪一个更快呢？用速度表示出时间和距离不同的两个物体，并进行比较。

准备材料 计算器

通过路程一定时物体所需时间来比较物体运动的快慢

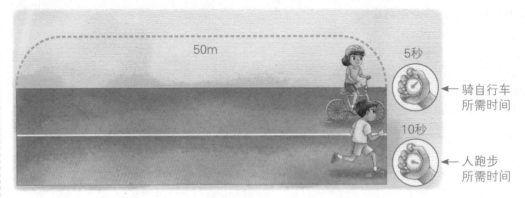

▲ 物体运动的快慢可以通过路程一定时物体所需时间进行比较。在50m的路程中，人需要10秒。再求出自行车走完50m所需时间后，就可以比较人和自行车的快慢了。自行车200m的路程需要20秒，那么移动200m的四分之一也就是50m的时候，所需时间是20秒的四分之一，即5秒。因此50m的路程，人需要10秒，自行车需要5秒，自行车比人快。

通过时间一定时物体的移动距离来比较物体运动的快慢

▲ 物体运动的快慢可以通过一定时间内物体移动的距离进行比较。在10秒钟的时间内，人移动50m。再求出自行车在10秒钟所走路程，就可以比较两者的快慢了。自行车20秒钟跑200m，所以20秒钟的二分之一即10秒钟跑的距离为200m的二分之一，即100m。因此，在10秒钟的时间内，人走的路程是50m，自行车走的路程是100m，自行车比人快。

用速度表示物体的快慢

$$速度 = \frac{路程}{时间}$$

◀ 物体运动的快慢可以用速度来表示。物体的移动距离除以所需时间得出的数值就是速度。即物体单位时间内通过的路程是速度。10秒钟内人走过的路程是50m，人的速度=50m/10s=5m/s。而自行车在20秒钟走过的路程是200m，自行车的速度=200m/20s=10m/s。因此自行车的速度比人的速度快。

通过调查得出的结论 面对路程和时间不同的物体，可以通过比较速度来得知它们的快慢。速度是走过的路程除以所需时间得出的数值。速度为5m/s，指的是每秒钟移动的距离为5m，读作"每秒5米"。

57 调查 比较单位不同的物体速度的大小

猎豹的速度是30m/s，汽车的速度是72km/h，怎么比较两者的速度大小呢？下面让我们一起来了解比较单位不同的物体速度的方法吧。

准备材料 计算器

使速度的单位一致后，比较物体的速度

我一个小时可以跑72千米.

我一秒钟可以跑30米.

◀ 比较单位不同的物体的速度时，应该先将单位统一后再进行比较。换算单位数值时，会用到1km=1000m，1h=60min=3600s，1min=60s等关系。统一单位后，比较汽车和猎豹的速度。通过汽车20m/s，猎豹30m/s的数据，可以得知猎豹的速度快于汽车的速度。

分类	汽车	猎豹
每秒移动的距离	20m（1200m÷60s）	30m
每分钟（=60秒）移动的距离	1200m（72000÷60min）	1800m（30m×60s）
每小时（=60分钟=3600秒）移动的距离	72km（=72000m）	108000m（=108km）（1800×60min）

1h=60min=3600s

1km=1000m

〈单位不同，速度的不同表现方式〉

	汽车	猎豹
秒速	20m/s, 2000cm/s	30m/s, 3000cm/s
分速	1200m/min, 1.2km/min	1800m/min, 1.8km/min
时速	72km/h, 72000m/h	108km/h, 108000m/h

通过调查得出的结论 比较单位不同的物体速度时，需要将速度单位统一起来。统一时需要用到1km=1000m，1h=60min=3600s，1min=60s等单位之间的关系。速度单位有秒速、分速和时速等。

科学家的眼睛

如何测量飞机的速度？

测量飞机的速度，就要测量空气的流速。在高速飞行的飞机上测量空气的流速并不是件容易的事情。这就需要用一种叫"空速管"的工具。空速管中有直接接受空气流的管和与空气流呈直角的管，通过测量空气流的压力差，就可以测出飞机的速度。

有没有方法可以一眼看出物体的快慢？下面让我们用图表表示物体的快慢并进行比较吧。

准备材料　卷尺，截成段的吸管，移动的玩具，秒表，坐标纸，塑料尺

用成段的吸管标出每秒钟玩具移动的位置

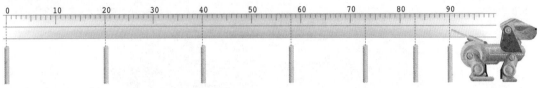

→ 移动的方向

〈求玩具的速度〉

时间（秒）	0	1	2	3	4	5	6
移动距离	0	20	40	58	73	83	90
每秒移动距离（cm）	20	20	18	15	10	7	
速度（cm/s）	20	20	18	15	10	7	

用图表表示玩具的速度

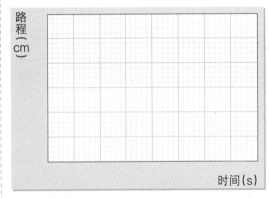

①在横轴的尽头标注时间（s），纵轴的尽头标注路程（cm）。

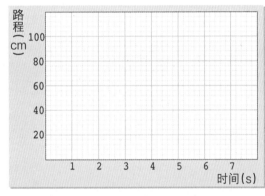

②确定横轴和纵轴上每一格的大小。

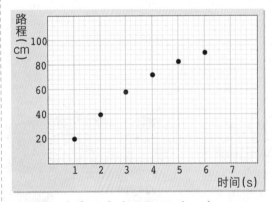

③用点来表示每个时间段的距离。

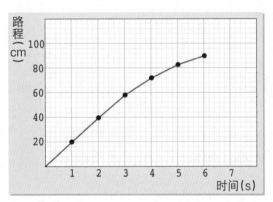

④将所有的点用尺子连成线。

通过图表坡度来比较物体的快慢

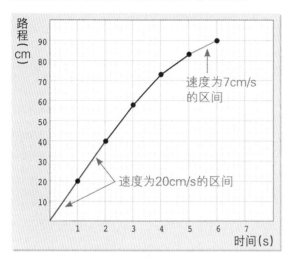

▶ 比较速度20cm/s的区间（红色直线）的坡度和速度7cm/s的区间（蓝色直线）的坡度，红色直线的坡度较大，蓝色直线的坡度较小。由此可以得知，速度越大，坡度越大，速度越小，坡度越小。也就是说，路程—时间表中，物体的速度越大，坡度越大。

通过调查得出的结论 通过观察路程—时间表可以看出物体的速度。路程—时间表中，线段的坡度意味着物体的速度。因此，物体的速度越大，坡度越大；物体的速度越小，坡度越小。

科学家的眼睛

匀速直线运动

物体以一定的速度直线运动，叫匀速直线运动。我们生活中的匀速直线运动有自动扶梯、自动人行道、电梯等。匀速直线运动通过频闪摄影或者时间记录器就可以确认。频闪摄影或时间记录器可以测定一段时间间隔中移动的距离。用频闪摄影为匀速直线运动的物体拍照，可以看到物体以一定间隔排列在照片中。

匀速直线运动的频闪摄影照片

时间记录器

时间记录器是记录物体运动的时间和速度变化的设备。利用电磁铁的原理，时间记录器以一定的间隔记录黑点。记录在纸上的黑点之间的时间间隔相同，所以可以视作一定时间间隔中物体移动的距离。

◀—— 纸的运动方向

▲ 速度一定时，时间记录器以相同的间隔在纸上记录黑点。

能量·运动

速度和安全

物体的速度为人们带来哪些方便和不便呢？为了安全，人们应该做些什么呢？

59 调查 认识交通标志，保障交通安全

物体较快的速度给人们带来了很多便利，但也造成了交通事故等危害。为了克服速度带来的危害，人们制定了很多规则，制作了很多设施。下面让我们一起来了解人们为了交通安全所做的努力吧。

准备材料 交通标识牌资料，超速资料，安全设施

交通标志牌的种类和意义

警告标志	注意行人	注意儿童	施工	路面不平
禁令标志	禁止通行	禁止驶入	禁止行人进入	禁止机动车进入
指示标志	步行	非机动车行驶	人行横道	机动车行驶

为交通安全所做的努力

系安全带

无人速度测定器

减速带

超速警告指示牌

通过调查得出的结论 在生活中，物体过快的速度既给我们带来了方便，也为我们制造了一些麻烦。为了解决因速度过快产生的问题，人们制定了交通规则以及各种交通安全装置。

有轮子的玩具可以带来较快的速度。在玩这种玩具时，如果不使用安全装备或者不小心的话，有可能会造成较大的事故。下面让我们一起来了解安全玩玩具的方法吧。

准备材料 有轮子的玩具资料，安全装备

能量·运动

有轮子的玩具的安全

穿上旱冰鞋后，不去爬台阶。

在没有车行驶的公园玩。

两手抓住扶手，保持正确的姿势。

· 佩戴安全帽和护具等装备。
· 穿合身的亮色系衣服和鞋子。
· 经常检查扶手、轮子、刹车等有没有问题。
· 在下坡时，需要用刹车限制速度，或者干脆走下来。

通过调查得出的结论 在玩有轮子的玩具时，一定要佩戴保护设备，在没有车行驶的公园玩耍。并且要熟悉刹车的使用方法，学会调节速度。

科学家的眼睛

自行车安全骑行常识

骑自行车不可不知的"七不"要素：不双手撒把，不多人并骑，不相互攀扶，不追赶比赛，不带人，不戴耳机听音乐，不扒机动车，严格遵守交通法则。

同时，要经常检修自行车，保持车况完好。车闸、车铃是否灵敏、正常，尤其重要。骑自行车应在非机动车道行驶。在没有划分路线的道路上，机动车在中间行驶，自行车应靠右边行驶，绝对不能逆行。

道路上的安全

在道路上，车的速度要比人的速度快很多。因此认为车离自己很远，就过马路或到道路上捡东西是很危险的事情。再加上车上的司机发现道路中的人后，踩刹车停车也需要一定的时间，更使这一危险加重。

放置在行驶的车上的书包，是在运动还是没在运动呢？下面让我们一起来了解因参照物不同而不同的物体的相对运动吧。

准备材料 相对运动相关资料

因参照物不同而不同的物体的运动

> 书包没有动嘛.

> 不对！书包在动.

▲ 在行驶的车上，放置一个书包。这个书包是在运动，还是没在运动呢？如果以司机为参照物，书包没有在运动。而以车外的人为参照物，书包在运动。因此物体是否在运动，因为参照物的不同而不同。因参照物不同，物体的运动发生变化的现象，叫物体的相对运动。

我感受到的速度

◀ 在黄色车中的人看道路两边的树，感觉树在向后移动。

◀ 当黄色车和蓝色车以相同的速度并列行驶时，蓝色车里的人感觉黄色车里的人没有运动。

◀ 迎面而来，速度与黄色车相同的红色车在黄色车旁边经过时，黄色车里的人感觉红色车的速度比自己快一倍。

通过观察得出的结论 物体的运动指的是以参照物为中心时，物体的位置会因时间的变化而变化。这时，即使相同的物体运动，也会因参照物的不同而不同。这种因参照物变化而带来的物体运动的变化，叫作物体的**相对运动**。

物体的运动，因观察者的状态而变化。观察者和物体在同一方向，以相同的速度运动时，观察者感觉不到物体的运动，在观察者看来，物体处于静止状态。

快！更快！

2000年悉尼奥运会34个游泳比赛项目中有23个金牌被身穿Speedo公司生产的鲨鱼皮泳衣的选手获得。自此，人们开始将目光投向隐藏着科学原理的泳衣。泳衣上有三角形突起，这是仿照鲨鱼盾鳞上的突起肋条（Riblet）制作而成的。

鲨鱼盾鳞上的肋条

鲨鱼盾鳞上的肋条具有向后推因游动产生的漩涡的作用，能减少最大8%的摩擦，从而提高游动的速度。

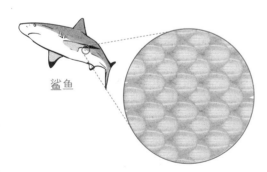

鲨鱼

鲨鱼盾鳞上的肋条

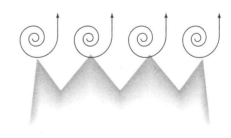

▲ 小漩涡不会接触到鲨鱼表面，而是往后运动。

鲨鱼盾鳞上的肋条被用于有必要减少空气或水阻力的汽车轮胎、潜水艇、飞机、泳衣上。首尔大学崔海千（机械航空宇宙工程学科）教授称，将人工鲨鱼盾鳞贴在飞机表面，可减少最大8%的空气阻力，极大地减少飞机燃料。

但是清扫间隔为1/100000的肋条之间的灰尘费用十分昂贵，因此很难应用到现实中。为了解决这一问题，最近崔海千教授正在研究水中时速达到110km的旗鱼的鱼鳞。

光的性质

光有什么样的性质呢？由于光的性质，会有哪些现象发生呢？

62 实验　制作针孔照相机

怎么制作针孔照相机呢？下面让我们用黑色的纸、油纸等材料制作针孔照相机吧。

准备材料　黑色的纸，油纸，透明胶带，大头针，剪刀，胶水

制作外箱

6cm　10cm

背面涂胶

背面涂胶　背面涂胶

背面涂胶

① 在黑色的纸上画与左图一样的展开图。

② 虚线部分折叠，实线部分剪切下来，组成一个长方体盒子。

③ 在盒子的底部用大头针钻一个小孔。

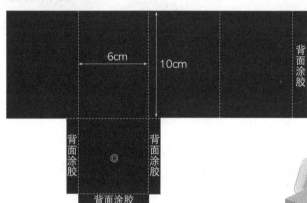

把内箱放在外箱中，针孔照相机即完成！

制作内箱

看的地方　看的地方　看的地方　看的地方

5.8cm　13cm

背面涂胶

贴屏幕的地方　贴屏幕的地方

① 由于内箱要放进外箱里，所以内箱的尺寸要比外箱稍小。

② 在黑色纸上画与左图一样的展开图。

③ 虚线部分折叠，实线部分剪切下来，组成一个长方体盒子。

④ 在内箱贴屏幕的地方，剪切合适的油纸贴在上面。

通过实验得出的结论　制作针孔照相机需要一个内箱一个外箱。在外箱看物体的地方用大头针钻一个小孔，内箱应该贴油纸制作屏幕。内箱要放在外箱中，所以尺寸要比外箱稍小。

通过针孔观察物体会怎样呢？下面让我们一起来了解用针孔照相机观察的物体与实物的差别吧。

准备材料 针孔照相机，各种物体，白炽灯（带灯架）

用针孔照相机观察物体

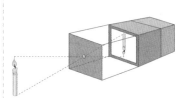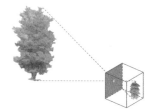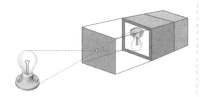

▲ 在针孔照相机的屏幕上形成的物体的像是倒立的。

针孔照相机的原理

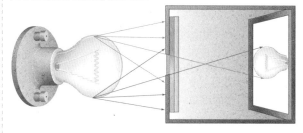

◀ 从白炽灯的各个点出发的光向四处直进照射。其中只有通过小孔的光才能到达屏幕。从物体的上部出发的光到达屏幕的下方，而从左边出发的光到达屏幕的右边。因此在油纸上生成的物体的像与实物正好相反，是倒立的。也就是说，由于光的直进性，呈现的像是倒立的。

小孔很大会怎样呢？

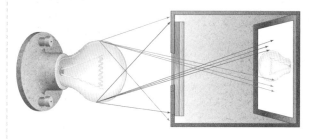

◀ 如果小孔变大，透过小孔照射到屏幕上的光会增多，使得物体的像变模糊。

小孔有两个会怎样呢？

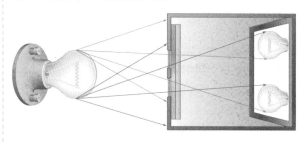

◀ 如果小孔有两个，从白炽灯出发的光会各自通过两个小孔，在屏幕上形成两个图像。

通过观察得出的结论 从白炽灯的各个点出发的光向四处直进照射。其中只有通过小孔的光才能到达屏幕，形成物体的像。因此，从针孔照相机看到的物体是倒立的。也就是说，针孔照相机中形成的像之所以是倒立的，是因为光的直进性。

能量·光

牙医使用口镜观察并治疗牙齿的原理是什么呢？
下面让我们通过镜子实验来了解其中的奥秘吧。

准备材料 大镜子，手电筒

镜子实验

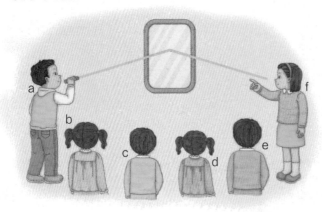

①6个学生以挂在墙上的镜子为中心站成椭圆形。
②拿手电筒的学生将手电筒抬高到脸部，朝向镜子打开手电筒。
③看到手电筒发出光线的学生说出光的前进方向。
④换一个学生拿手电筒，按照同样的方法实验。

▲ 学生（a）拿着手电筒，学生（f）看到手电筒的光，而学生（b）（c）（d）（e）看不到光。学生（f）没有看向手电筒，却能看到手电筒的光，是因为学生（a）拿着的手电筒的光，经过镜子时发生了反射。像这种光到达镜子表面后又朝向别的方向去的现象叫光的反射。

光的反射应用实例

牙科诊所中使用的口镜　　汽车后视镜　　　　　道路拐角处的凸面镜　　便利店的监视镜

比较镜中的自己和现实的自己

①在镜子面前举起右手，观察镜中的自己举起手的方向。
②这次举起左手，观察镜中的自己举起手的方向。

◀ 观察镜中的自己会发现，虽然与实际的自己模样一样，但前后互换了。这是因为我们观察到的是经过镜子的反射形成的像。

通过实验得出的结论 在镜子试验中，学生（f）没有直接看向手电筒，却看到了手电筒发出的光。这是因为手电筒发射的光经过了镜子表面的反射。像这种利用光的反射原理的例子有牙科诊所使用的口镜、汽车后视镜、潜水艇中的潜望镜等。

光在空气中沿直线传播，遇到镜子等光滑的表面时会被反射。那么光从空气进入水中时会有什么变化呢？下面让我们一起通过实验来了解一下吧。

准备材料 透明的水箱，水，牛奶，玻璃棒，透明的丙烯树脂板，香，打火机，激光笔

使用激光笔进行实验

① 在透明水箱中加入约一半的水。

② 在水中滴入一两滴牛奶。

③ 把点着的香放在水面上，使烟气充满水箱。

④ 用透明的丙烯树脂板将水箱盖上。

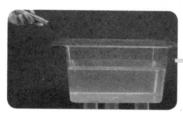
⑤ 在丙烯树脂板的上方打开激光笔，斜射进水箱。观察激光在空气中、空气和水相交的表面、水中有什么变化。

▲ 在水和空气相交的表面，光出现了折射。

⑥ 在水箱的下方打开激光笔，斜射进水箱。观察激光在空气中、空气和水相交的表面、水中有什么变化。

▲ 在空气和水相交的表面，光出现了折射。

注意
· 如果滴入太多牛奶，则很难看清光的路线。
· 不要将激光射向眼睛。

光在水和空气相交表面的变化

◀ 光从空气进入到水中时，以及从水中进入到空气中时，在空气和水相交的表面可以看到光发生了折射。像这种在水和空气相交表面光的路线发生变化的现象叫作光的折射。

通过实验得出的结论 光从空气进入到水中时，光的照射方向转向下方。光从水中进入到空气时，光的方向向水下折射。像这种在水和空气相交表面光的路线发生变化的现象叫作**光的折射**。

用透镜观察事物会是什么样子呢？使用各种透镜观察事物，并根据其特征对透镜分类。

准备材料 凸透镜，凹透镜，放大镜，近视镜，老花镜

用透镜观察事物，并对透镜分类

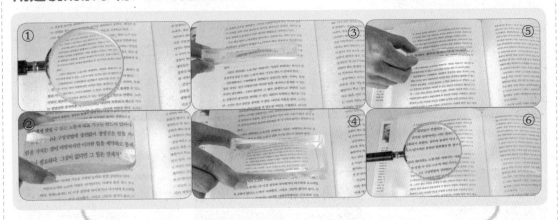

靠近物体时能看到放大的物体吗？

透镜的中间凸出→凸透镜　是　②，③，⑥

不　①，④，⑤　透镜的中间凹陷→凹透镜

〈凸透镜和凹透镜的特征〉

分类	透镜的形状	靠近物体时观察到的物体模样	远离物体时观察到的物体模样	身边见到的例子
凸透镜	中间厚，边缘薄	被放大。	倒立且缩小。	老花镜、放大镜、有水的水杯、圆形鱼缸
凹透镜	中间薄，边缘厚	被缩小。	更小。	近视镜

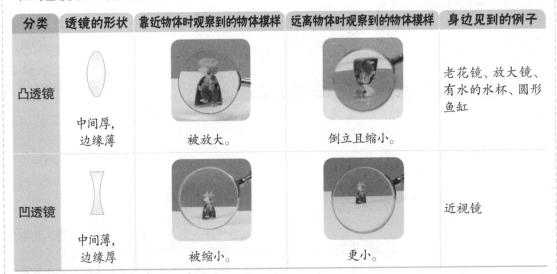

通过观察得出的结论 透镜中间凸起的叫凸透镜，中间凹陷的叫凹透镜。凸透镜能使靠近的物体放大，与物体的距离越远，看到的物体越大，最后到达极限后，看到的物体是被缩小而且倒立的。凹透镜能使靠近的物体缩小，与物体的距离越远，看到的物体越小。出现这种现象，是光通过透镜时发生了折射造成的。

凸透镜和凹透镜中光的前进方向

透镜是将光汇聚到一点或使位于一处的光向外扩散的工具。光在通过透镜时，在透镜较厚的地方发生折射。因此凸透镜能使光汇聚，凹透镜使光向四周扩散。

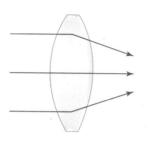
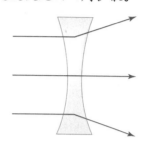

太阳比看起来更晚升起，更早落下

太阳发出的光在经过大气层时会发生折射。因此太阳实际的位置与我们观察到的太阳位置有些差别。太阳在A处时，由于折射，看起来太阳好像在A′处，也就是说当太阳还没升起时，在我们看来太阳已经升起了。太阳落山时也是如此。太阳已经落到地平线以下的B处，但由于折射，我们看到太阳好像还在B′处，认为太阳还没落山。也就是说，太阳比我们看到的更早落山。

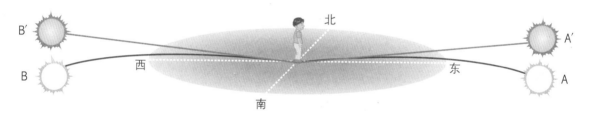

伽利略的望远镜

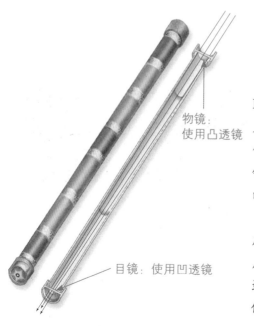

物镜：
使用凸透镜

目镜：使用凹透镜

伽利略（Galileo Galilei,1564—1672）是历史上第一位用自己制作的望远镜观察夜空的科学家。1609年伽利略听说汉斯·利伯希（Hans Lippershey）发明了一种能放大物体的望远镜，于是向利伯希购买了这种望远镜。经过多次改良，他将望远镜的放大率提高到32倍。通过这个望远镜，他发现了银河、土星周围的椭圆外形、太阳的黑点、木星周围的四颗卫星等。

伽利略制作的望远镜镜筒由木头和皮革组成，镜筒的两端分别安装有物镜和目镜。物镜使用的是凸透镜，目镜使用的是凹透镜。光通过凸透镜时会发生折射，在经过凹透镜时形成放大的像，被人们观察到。

看到物体的过程

我们是看到物体呢？还是被物体看到呢？物体经过哪些过程才被我们看到呢？

67 观察 利用光和透镜呈现物体的像

利用光和透镜能在白纸上呈现出物体的像吗？通过实验在白纸上呈现出物体的样子吧。

准备材料 带有灯架的白炽灯，物体，白纸，带支架的凸透镜

周围要很黑才行！

① 将物体、凸透镜、白纸依次排列。透镜和物体应该排在一条直线上，通过调节底座来调节透镜的高度。

② 打开白炽灯，把光投向物体。

③ 把纸从离透镜最近的地方慢慢移向远离透镜的地方，寻找成像的最佳位置。

结果

◀ 利用光和透镜，之所以能在纸上成像，是因为光的三个性质。从白炽灯发出的光沿空气直线传播，遇到物体后被反射。反射的光有一部分通过了凸透镜，发生了折射，投射到了白纸上。

如果关掉白炽灯呢？

▲ 关灯则看不到物体。

如果没有物体呢？

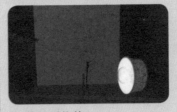

▲ 看不到物体。

如果没有透镜呢？

▲ 看不到物体。

通过观察得出的结论 利用光和透镜能在纸上成像，是因为光具有直进性、反射和折射这三个性质。因此需要具备发出光的白炽灯、反射光的物体、折射光的透镜，缺少其中的一个，白纸上都不会成像。

看到物体需要什么呢？看到物体的过程又是怎样的呢？下面让我们通过黑箱子的实验来了解我们看到物体的过程吧。

准备材料 安装有灯泡的黑箱子，黑色吸管，透明胶带

能量·光

观察黑箱子里的物体

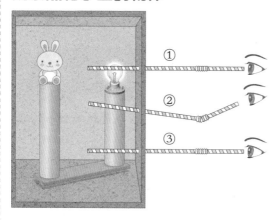

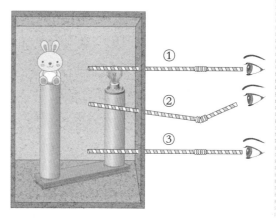

〈黑箱子中打开灯和关上灯时的比较〉

分类	闭上眼睛时	睁开眼睛时	分类	闭上眼睛时	睁开眼睛时
打开灯时	①看不到物体。	①看到物体。	关上灯时	①看不到物体。	①看不到物体
	②看不到物体。	②看不到物体。		②看不到物体。	②看不到物体。
	③看不到物体。	③看不到物体。		③看不到物体。	③看不到物体。

▲ 在打开灯，睁开眼的状态下，只有使用伸直的吸管才能看到物体。

▲ 关上灯时看不到物体。

通过观察得出的结论 在上面的实验中，关上灯后，没有了光源，所以在黑箱子中看不到任何物体。打开灯时，在闭上眼睛的状态下，也看不到物体。而在打开灯，睁开眼睛的状态下，只有通过笔直的吸管才能看到物体。因为光具有直进性。在笔直的吸管中，反射物体的光能够直线传播到我们的眼睛中。在弯曲的吸管中，光无法直线传播到我们的眼睛中。因此，为了看到黑箱子中的物体，需要打开箱子里的灯，睁开眼睛，使用笔直的吸管观察。物体会反射光源发出的光，其中一部分到达人的眼睛，然后人就会看到物体。因此人要看到物体，需要具备光、物体、眼睛这三个条件。

科学家的**眼睛**

看到物体的过程

看到物体的过程可以用光的传播路线来解释。太阳或电灯等光源发出的光在空气中直线传播，碰到物体后，被物体反射到四处，被反射的光有一部分进入到人的眼睛中，我们就看到了物体。

虽然我不会发光，但我可以反射光，这样人就能看到我啦。

再现物体模样的照相机的原理是什么呢？下面让我们通过制作简易照相机观察物体，了解照相机的原理吧。

准备材料 1000ml的牛奶盒，黑色纸，凸透镜，油纸，刀子，剪刀，透明胶带

制作简易照相机

①在牛奶盒的底部做一个比透镜稍小的孔。

②用透明胶带把凸透镜粘在盒底。

③使用黑色的纸制作一个能放进牛奶盒中的盒子。

④在黑盒子的前方贴上油纸，作为屏幕。

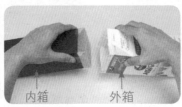

⑤把贴有油纸的黑盒子放在牛奶盒子中。

⑥观察物体，通过调节凸透镜和油纸的距离来对准焦距。

针孔照相机和简易照相机的不同之处

针孔照相机	简易照相机
·外箱上有针孔。 ·被物体反射并通过针孔的光很少。 ·在屏幕上成的像很模糊。	·外箱上贴有凸透镜。 ·物体反射的光通过凸透镜汇聚在一起。 ·在屏幕上成的像很清晰。
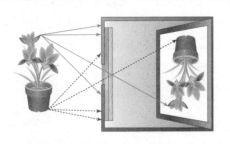	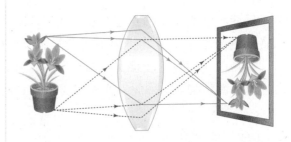

通过实验得出的结论 针孔照相机因通过针孔的光而成像，成的像十分模糊。如果针孔变大，通过针孔的光变多，由于光相互交错，在屏幕上形成的像会更加模糊。但是安装有凸透镜的简易照相机，在凸透镜的作用下，光会汇聚，在屏幕上形成清晰的图像。因此，在照相机中通常会使用凸透镜。

光污染，请关上灯，打开星星吧!

能量·光

现在社会，即使晚上也如同白天一样明亮。这是因为华丽的灯光遍布城市的各个角落。因为明亮的灯光，太阳落山后人们仍在活动，虽然可以看到美丽的夜景，但也给人们的健康和动植物的生活带来了很大的危害。像这种影响人和自然界生命体正常生活的人工灯光被称为光污染（Light Pollution）。

晚上明亮的灯光会影响人们的睡眠，使得人们出现神经衰弱、荷尔蒙分泌异常等现象。而且，照射进鸟巢的强光会使鸟类无法正常繁殖。习惯夜晚活动的鸟类因为强光会在城市中迷路。有研究表明，有回到故乡习性的大马哈鱼和鲱鱼因为北太平洋的人工灯光而无法移动。

植物也深受光污染的危害。生长在道路两旁的树木因为长时间在灯光下，很晚才落叶，导致寿命缩短。而生活在路灯旁边的水稻，因为长时间接受灯光的照射，无法抽穗或失去免疫力，最后生病死去。

都市的夜空很难看到星星，也是由光污染引起的一个典型现象。在正常的夜空中，我们能清楚地看到银河和数颗星星，但在光污染地区，很难在夜空中找到星星。

光是我们生活中所必需的物质，但光的过度使用不仅造成光能的浪费，还会威胁人和动植物的正常生活。当夜晚来临，请关上灯，打开星星，让人类和动植物健康、幸福地生活吧。

磁铁和电流

磁铁为什么能吸引铁粉呢？在有电流通过的电线旁边，为什么指南针上的磁针会移动呢？

 70 实验 **用磁铁移动瓶中的铁粉**

在透明的瓶中放入铁粉和食用油，将磁铁靠近瓶子，观察铁粉的状态。

准备材料 透明塑料瓶，食用油，钢丝绒，剪刀，橡皮手套，条形磁铁，马蹄形磁铁，圆形磁铁

食用油
铁屑

①在透明塑料瓶中放入用剪刀剪下的铁屑和食用油。

②拧紧瓶盖，晃动瓶子使铁屑和食用油均匀混合。

③当铁粉慢慢沉淀的时候，将磁铁靠近瓶子，观察铁屑的状态。

结果

▲ **条形磁铁**
铁屑慢慢向磁铁的最顶端移动，磁铁的两侧并没有吸引到多少铁屑。

▲ **马蹄形磁铁**
马蹄形磁铁的顶端吸引了很多铁屑，两侧并没有吸引到多少铁屑。

▲ **圆形磁铁**
圆形磁铁的顶端吸引了很多铁屑，两侧并没有吸引到多少铁屑。

注意 用剪刀剪切铁屑时，应注意不要被钢丝绒伤到手。需要戴上胶皮手套后再用剪刀剪钢丝绒。

通过实验得出的结论 在透明塑料瓶中加入食用油和铁屑，然后将磁铁靠近瓶子，会看到铁屑汇聚在一起的情形。当铁屑慢慢下沉时，将磁铁靠近瓶子，铁屑会朝向磁铁的一端涌去，排成队列。移动磁铁，铁屑也会跟着移动。因此可以得知，虽然肉眼无法看见，但是磁铁有一种使铁屑吸附的力量。

71 实验 磁铁为什么会吸铁

用磁铁接触掉在地上的铁制品，铁制品会吸附在磁铁上。两块磁铁既相互吸引又相互排斥。下面让我们通过实验来了解出现这种现象的原因吧。

准备材料 条形磁铁，指南针，透明的丙烯树脂板，铁屑，泡沫塑料块

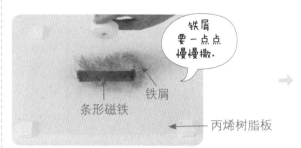

铁屑要一点点慢慢撒.

条形磁铁
铁屑
丙烯树脂板

①把条形磁铁放在丙烯树脂板上，然后在上面撒铁屑。

结果

▲ 铁粉大部分汇聚在磁铁的两端，如同将磁铁包裹起来。铁屑之间相互连接，形成队列。

事先确定指南针是否指向南北极后再使用.

指南针

②在条形磁铁周围放8个指南针，观察磁针的方向。

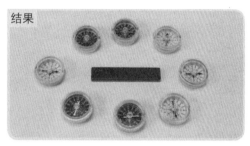

结果

▲ 指南针的磁针从指向一极开始转动指向另一极。

③转动条形磁铁的方向，观察磁针有什么变化。

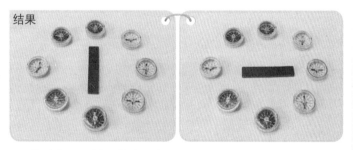

结果

▲ 转动条形磁铁，指南针指向的方向发生变化。当条形磁铁停止转动后，指南针也不再转动，指向固定的方向。由于所处位置的不同，磁针指向的方向也不同。

通过实验得出的结论 在磁铁周围撒铁屑，铁屑会形成一定的队列。在磁铁周围放置指南针，指南针的磁针会指向固定方向。这是因为磁铁周围有一种力量可以使铁屑或磁针发生变化。虽然肉眼看不到，这种力量却会影响铁屑、指南针和其他磁铁，人们一般称这种力量为**磁场**。

把指南针放在磁铁旁边，磁针会指向特定的方向。那么把指南针放在有电流的电线旁边会怎么样呢？下面让我们一起通过实验来了解吧。

准备材料 电池，电池盒，电线夹，灯泡，灯座，开关，指南针

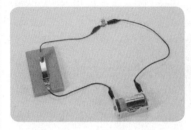 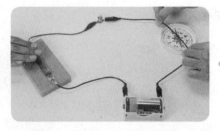 

结果

①连接电池、电线、灯泡、开关，形成一个电路。

②调整电线的位置，使电线和磁针指向的方向一致，将指南针放在电线下方，观察磁针的变化。

▲指南针在电线下方本来指向北极的磁针向左偏转。

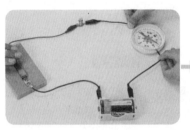  

结果

将电池的正负极调换后，电流流动的方向会发生变化。

③电线和磁针指向的方向一致，将指南针放在电线的上方，观察磁针的变化。

▲指南针在电线上方本来指向北极的磁针向右偏转。

④将电池的正负极换过来。

通过观察指南针磁针的方向，可以判断所处空间是否存在磁场。

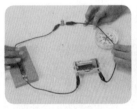  

结果

⑤分别将指南针放在电线的下方和上方，观察指南针的变化。

▲指南针在电线下方本来指向北极的磁针向右偏转。

▲指南针在电线上方本来指向北极的磁针向左偏转。

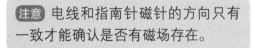

注意 电线和指南针磁针的方向只有一致才能确认是否有磁场存在。

通过实验得出的结论 在有电流通过的电线周围，指南针磁针的指向发生变化。由此可知，电线周围也有磁铁一样的磁场。变换电流的方向时，指南针磁针的指向也跟着变化，说明电流的方向改变，磁场的方向也改变了。

在有电流经过的电线周围有磁场存在，所以指南针的磁针会指向一定的方向。下面让我们一起来了解在圆圈型电线旁边的指南针有什么变化吧。

准备材料　电池，电池盒，电线夹，灯泡，灯座，开关，指南针

能量·磁场

①把电线在圆形物体上缠10圈，制作成一个圆圈型电线。

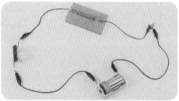
②把圆圈型电线和已经连接好的电路连接起来。

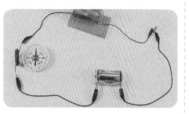
③把指南针放在圆圈型电线的旁边，合上开关，观察指南针的变化。

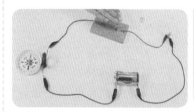
④把指南针放在圆圈型电线的另一边，观察指南针的变化。

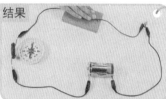
结果

▲ 本来指向北极的磁针向左偏转。→圆圈型电线的右边为南极。

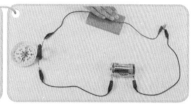
▲ 本来指向北极的磁针向左偏转。→圆圈型电线的左边为北极。

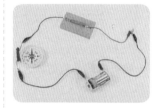
⑤变换电池的两极，按照③、④的方法再一次实验。

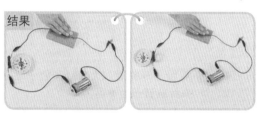
结果

▲ 不论指南针在哪个位置，原本指向北极的磁针一直向右偏转。→圆圈型电线的左边为南极，右边为北极。

通过实验得出的结论
通电后，圆圈型电线周围产生磁场，可以找到两极。电流的方向变化，磁场的两极也发生变化。

科学家的眼睛

在有电流经过的电线周围撒铁屑后，铁屑排成队列的情形

竖立形状的电线

圆圈状的电线

多个圆圈状电线

◀ 在通电的电线周围撒铁屑，能看到与磁铁周围一样，铁屑排成队列的情形。

电磁铁

电磁铁有哪些性质呢？怎样调整电磁铁的强弱呢？电动机的原理是什么呢？

74 实验 电磁铁的性质和应用实例

利用电流经过产生磁场的性质制作的磁铁叫电磁铁。下面让我们一起来了解电磁铁有哪些性质吧。

准备材料 电池，电池盒，电线夹，灯泡，灯座，开关，钉子，纸，漆包线，砂纸，剪刀，透明丙烯树脂板，泡沫塑料块，铁屑，铁屑喷粉机，指南针，大头针

① 用纸把钉子包裹起来，然后在上面缠绕一圈漆包线。

② 用砂纸将电线两端的外皮剥去。

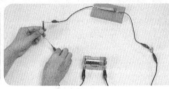

③ 电线的两端与电路连接。

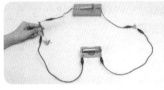

④ 将包裹有电线的钉子靠近大头针，观察合上和打开开关时大头针有什么变化。

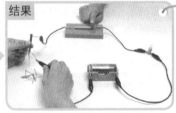

结果

▲ 合上开关时，大头针和钉子贴在了一起。打开开关时，大头针从钉子上掉落。

⑤ 把透明的丙烯树脂板放在钉子上，在丙烯树脂板上撒上铁屑，合上开关，观察铁屑的变化。

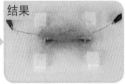

结果

▲ 可以观察到与条形磁铁周围的铁屑相同的情形。

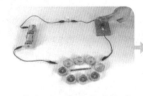

⑥ 在钉子周围放置指南针，合上开关，观察指南针的变化。然后把电池反过来再一次进行观察。

结果

▲ 实验的情形与条形磁铁周围指南针的变化一样。电流的方向变化后，磁针的方向也会发生变化。

通过实验得出的结论 在物体上缠绕漆包线，通电后，物体具备了磁铁的性质，这就是**电磁铁**。电磁铁也与永久磁铁一样有两个极。与永久磁铁不同的是，电磁铁的两极和强弱可以变化，每当有电流通过时，物体就具备了磁铁的性质。

电磁铁的应用

在我们生活中，应用到电磁铁原理的例子有如下几种。

声音转化为电流信号，电流信号在音箱中的电磁铁间流动。电流信号发生变化，电磁铁的强弱和两极也会发生变化。音箱中的纸盒也会随之震动，发出声音。

音箱

有电流通过时，旋转的电机开始运作，然后开始洗衣服。

洗衣机

在电磁铁的旁边安装门铃，当有电流通过时，电磁铁吸引门铃，门铃和电磁铁相碰，产生声音。

门铃

接通电流后，电磁铁会将钢铁物品牢牢吸住。电磁起重机一般用于搬运较重的铁制品。

电磁起重机

电磁铁无法正常使用时

制作的电磁铁不通电流时，可以采用以下方式使其正常使用。

▲ 把铁钉放在火上烤。　　▲ 在铁钉上包裹一层薄纸。　　▲ 在铁钉上包裹漆包线。　　▲ 用砂纸或刀子将电线两端的表皮去掉。　　▲ 换新的电池。

漆包线

漆包线的铜线外包裹了一层绝缘不导电的物质。铜的导电性很好，仅次于银，因此经常用作电线。透明的绝缘漆经过高温烘烤后薄薄地涂在铜线上便可以制成漆包线。人们很难在颜色或外表上分辨出普通的铜线和漆包线。在制作电磁铁的时候，之所以不用铜线，而是使用漆包线，是因为把铜线缠绕在钉子上，钉子上的铜线相互接触通电，电流会消失，不如使用绝缘的漆包线效果好。

漆包线

铜线

镍铬合金线

漆包线，铜线，镍铬合金线

有时候人们会把漆包线和镍铬合金线混淆，镍铬合金线不易导电，是一种发出灰色光泽的镍和铬的合金物质。多用于高温下，表面没有绝缘层。因此无法使用镍铬合金线制作电磁铁。

与永久磁铁不同，电磁铁只有电流通过时才会具备磁铁的性质。而且电磁铁能够自由调节强度。下面让我们一起来了解调节电磁铁强度的方法吧。

准备材料　电池，电池盒，电线夹，灯泡，灯座，开关，钉子，纸，漆包线，剪刀，指南针，大头针

①在钉子上包裹一层纸，然后用漆包线在上面缠100圈，制作电磁铁。

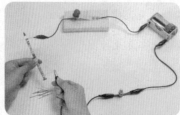

②将电磁铁和一节电池相连，形成电路。

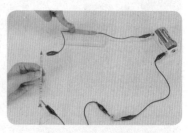

③把大头针靠近电磁铁，合上开关，测出通电后被电磁铁吸引的大头针个数。

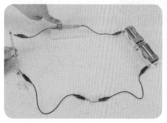

④连接两节电池，合上开关，测出通电后被电磁铁吸引的大头针个数。

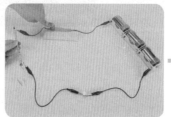

⑤连接三节电池，合上开关，测出通电后被电磁铁吸引的大头针个数。

结果

电池的个数	被电磁铁吸引的大头针个数
1节	2个
2节	3个
3节	4个

▲ 电池的个数越多，被电磁铁吸引的大头针个数越多。即，电池的个数越多，电磁铁的磁性越大。

科学家的眼睛

漆包线的粗细和电磁铁的磁性

如果漆包线的粗细不同，电磁铁的磁性会有哪些变化呢？

如果钉子的种类、漆包线缠绕的圈数、电池的个数相同，只有漆包线的粗细不同，比较被电磁铁吸引的大头针个数有什么不同，就可以知道漆包线的粗细和电磁铁强度的关系啦。通过这种方法实验的话，我们会发现，漆包线越粗，电磁铁的磁性越大。

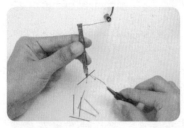

使用细漆包线缠绕时

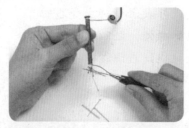

使用中等粗细的漆包线缠绕时

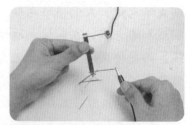

使用粗漆包线缠绕时

▲ 缠绕钉子的漆包线越粗，电磁铁能吸引的大头针个数越多。即，漆包线越粗，电磁铁的磁性越大。

能量·磁场

注意 当缠绕在钉子上的漆包线圈数不同时，缠绕的钉子长度应该相同。

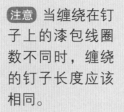 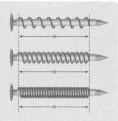

⑥在一根钉子上缠绕50圈漆包线，另一根钉子上缠绕150圈漆包线。

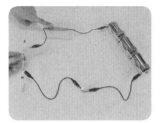 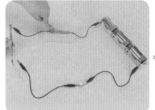

结果

漆包线缠绕的圈数	被电磁铁吸引的大头针个数
50圈	2个
100圈	4个
150圈	7个

⑦把缠有50圈漆包线的电磁铁和三节电池相连，形成电路。测出电磁铁吸引的大头针个数。

⑧把缠有150圈漆包线的电磁铁和三节电池相连，形成电路。测出电磁铁吸引的大头针个数。

▲ 漆包线缠绕的圈数越多，电磁铁能吸引的大头针个数越多。即，漆包线缠绕的圈数越多，电磁铁的磁性越大。

*实验结果也许会因电池剩余电量的不同而有所差别。

通过实验得出的结论 影响电磁铁的磁性的主要因素是电池的个数和漆包线缠绕的圈数。电池的数量越多，电磁铁的磁性越强。缠绕在钉子上的漆包线圈数越多，电磁铁的磁性越强。电磁铁的磁性强弱，通过比较被电磁铁吸引的曲别针或大头针个数就可以知道。

科学家的眼睛

如果在木筷上缠绕漆包线会怎么样呢？

电磁铁是在包裹有纸的钉子上缠绕漆包线制作而成的。如果用其他物品代替钉子会怎么样呢？

让我们用木筷代替钉子试试吧。用木筷时，应该使用与制作钉子电磁铁相同的漆包线，在木筷上缠绕相同的圈数。使用相同个数的电池连接，比较钉子电磁铁和木筷电磁铁的磁性强弱。但是，木筷电磁铁的磁性很弱，不能吸引大头针。因此，我们最好用指南针来进行比较。

钉子电磁铁在靠近指南针时，会使磁针发生偏转。而用木筷制作而成的电磁铁靠近指南针时，磁针的偏转幅度很小。木筷电磁铁的磁性大约是钉子电磁铁的1/1000。

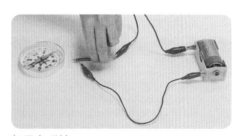

钉子电磁铁

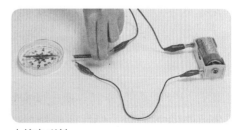

木筷电磁铁

※ 最开始指南针的磁针为水平方向。

19世纪的科学家法拉第利用电流和电磁发明了电动机。下面让我们一起来制作电动机，并且了解电动机的原理吧。

准备材料　直径为1mm的漆包线，电池，电池盒，钕磁铁，有洞的铜片支架，钳子

制作简易电动机

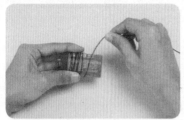

①漆包线以直径3cm左右的圆为中心，缠绕5～10圈，制成线圈。

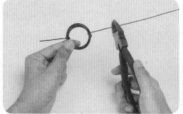

②在线圈的两端各缠绕两次使环固定，剪下两端的电线。

③用砂纸将漆包线一端的外皮完全剥下，另一端只剥下一半的外皮。

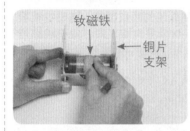

钕磁铁　铜片支架

④把电池安装在电池盒中，将铜片支架竖直固定在电池盒两端，把钕磁铁贴在电池上。

⑤将漆包线圈挂在铜片支架上，用手轻轻转动漆包线后，观察线圈有什么变化。

结果

▲ 用漆包线制作而成的线圈持续转动。

电动机的原理

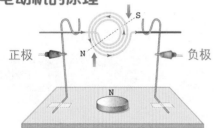

正极　N　S　负极

▲ 与铜片相接的漆包线通电后产生磁场，成为一边是北极，一边是南极的电磁铁。这时在电磁铁和磁铁之间同极相斥、异极相吸的作用下，线圈开始旋转。

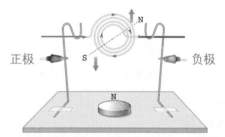

正极　S　N　负极

▲ 如果漆包线两端的外皮都被去掉，当线圈旋转半圈时，由于电流的通过，电磁铁的两极会被置换。这时产生了往相反方向旋转线圈的力量，所以线圈无法继续旋转。但由于有一端的电线外皮只去掉了一半，所以电流无法通过，不会产生向相反方向旋转线圈的力量。因此，线圈能按照开始的方向持续旋转。

通过实验得出的结论　利用通电的电线和磁铁可以制作电动机。电动机是利用磁铁排斥和吸引电线的力量，使线圈持续旋转制作而成的。为了使电动机持续旋转，漆包线的一端应该只去掉一半的表皮。

超导体和磁悬浮列车

荷兰物理学家海克·卡默林·翁内斯（Heike K'amerlingh Onnes,1853 — 1926）在1911年发现，当温度达到−269.2℃时，水银的电阻会消失。电阻指的是导体对电流的阻碍作用，电阻越大，电流越不容易通过。发现没有电阻的导体的翁内斯称这种现象为超电导性，具有超电导性的导体称为超导体。直到20世纪60年代，人们才开发出了能被应用到实际的超导体。利用超导体制作的电磁铁比用铁或漆包线制作的电磁铁磁力要强很多倍。超导磁铁不仅能制造强大的磁场，而且不会造成电的损失，十分经济划算。但超导体只会在低温下产生，具有超电导性容易消失的缺点。为了克服这种缺点，人们仍在进行研究。

海克·卡默林·翁内斯

利用超导磁铁可以制造磁悬浮列车，列车的下方安装有用超导体制作的圈。列车开动时，这个圈与铁轨里边的电线圈相互排斥，使列车悬浮。列车悬浮后，由于与铁轨有几厘米的距离，所以摩擦力减少，速度增加，使用同样多的燃料，磁悬浮列车比普通火车的速度更快，行驶距离更长。通过超导体和磁铁的实验，我们可以轻松理解磁悬浮列车的原理。使超导体保持在极低的温度中，把磁铁放在超导体上面后，磁铁的磁场和超导体产生的磁场相互排斥，磁铁因此飘浮在了空中。

▲ 放在超导体上面的磁铁悬浮在空中。

▲ 位于大田的磁悬浮列车

◄ 德国城际磁悬浮列车，中国上海磁悬浮列车，日本超高速磁悬浮列车，德国慕尼黑磁悬浮列车（从左上开始顺时针方向）

工具的利用

使用工具对我们的生产、生活有哪些好处呢？利用科学原理制作的生活工具有哪些呢？

77 实验 玩多米诺骨牌游戏

多米诺骨牌游戏指的是将很多骨牌竖起来排列好，最开始的一个骨牌倒下后，其余骨牌发生连锁反应接连倒下。下面让我们也来制作多米诺骨牌吧。

准备材料 网球，木牌，木板，图钉，气球，支架，滑轮，夹子，线，塑料板，刀子，胶带，木箱子，秤砣

①用刀子在塑料板的中间位置划线。

②沿中间的划线将塑料板折叠，制成一个倾斜面。

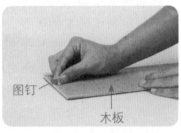

③在木板的顶端从背面安装一个图钉，使图钉的针露出。

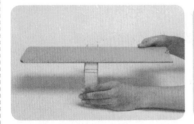

④把木板放在木箱上面，并用胶带固定。

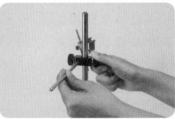

⑤把夹子固定在支架上。

⑥把滑轮挂在支架上。吹起气球，用线系紧，线的另一端与200g的秤砣绑在一起。

⑦在椅子上排一列木牌，用塑料板把椅子和书桌连接起来，把塑料板固定住。

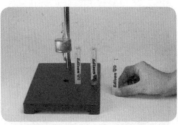

⑧把木牌靠近秤砣排成一列，以使挂在滑轮上的秤砣下落时，可以碰倒木牌。

⑨把球放在合适的位置，使球可以沿着倾斜面滚下来。

结果

▲ 球沿着倾斜面滚下时，碰到最前面的木牌，木牌倒下，其后面的木牌也会依次倒下。椅子上最后一个木牌倒下，掉落到木板上，使得气球爆破，与之相连的秤砣下沉，碰触到排成一列的木牌，使所有木牌倒下。

注意 如果木牌没有全部倒下，就要重新检查椅子和木板之间、木板和气球之间、挂在滑轮上的秤砣和木牌之间的连接部分是否存在问题。

通过实验得出的结论 放在书桌上的球滚下来后，碰倒最前面的木牌，紧接着后面的木牌也会依次倒下。最后一个木牌掉落到木板的一端，木板的另一端因此上扬，使气球爆破。而与气球相连的秤砣则下沉，碰触到木牌，木牌依次倒下。在这个游戏中，要用到倾斜面、杠杆、滑轮等工具。

科学家的眼睛

高德伯格（Goldberg）装置

高德伯格装置的目的在于"用复杂的工具达到极其简单的目的"。美国的漫画家高德伯格是第一个画各种复杂装置的人，因此人们称这种装置为高德伯格装置。我们经常在漫画、电影和广告中看到这种装置。高德伯格的目的在于"用最大的目的达成最小的结果"，经常被视为做事没有效率的潜台词。构成高德伯格装置的部分都利用到了科学原理与下一部分相连接。上面我们做的多米诺骨牌游戏，也利用了科学的原理，属于高德伯格装置的一种。

选拔第一批宇航员的时候，韩国曾经把制作"高德伯格装置"当作选拔标准，人们认为通过它可以检测出人的创造力和团队协作能力。

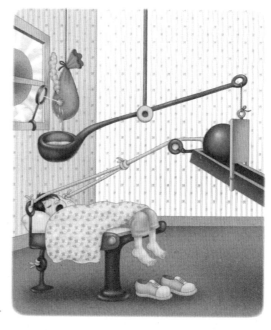

早上起床装置 ▶

放大镜汇聚的阳光使得沙袋出现洞孔→沙子积聚在器皿中，使得器皿的另一端上升→沉重的球滚下去，使床掀起→人起床穿鞋

在力的作用下绕固定点转动的硬棒叫杠杆。亚里士多德曾说："给我一个支点，我就能撬动地球。"下面让我们通过实验来了解杠杆给我们带来哪些好处吧。

准备材料 不沉的长棍，一本很沉的书

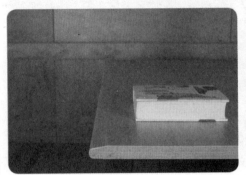

①把书放在书桌上。

②在书的下面插进一根木棍，变换支点，比较撬动书本需要的力量大小。

结果

▲ 往下按压支点1时最费力，按压支点3时最轻松。支点距离书的距离越远，撬起书本所用的力量越小。

杠杆的原理

从杠杆出发发出力量的地方为施力点，杠杆和物体接触的地方为受力点，物体受到杠杆作用力的地方叫作用点。

施力点
受力点
作用点

施力点
作用点 受力点

◀随着杠杆施力点、受力点和作用点的位置及三者之间距离的不同，物体所感受到的力量大小也不同。拔出图钉的施力点和受力点比作用点和受力点的距离远的话，用很小的力量就可以把图钉拔出。

通过实验得出的结论 在力的作用下绕固定点转动的硬棒叫**杠杆**。从杠杆出发发出力量的地方叫**施力点**，支撑杠杆的地方为**受力点**，物体受到杠杆作用力的地方叫**作用点**。受力点和施力点的距离比受力点和施力点的距离远且相差越远，越能用小的力量移动物体。

如果杠杆中的受力点和施力点的距离比受力点和施力点的距离远，就可以用较小的力量移动物体。利用这种原理制作而成的工具有哪些呢？下面让我们一起来了解下吧。

准备材料 利用了杠杆原理的各种工具

能量·能量与工具

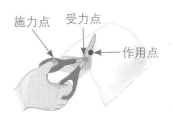

▲ 剪刀中施力点和受力点的距离比受力点和作用点的距离远，所以用很小的力气就可以剪切纸片。

▲ 剪枝剪刀中施力点和受力点的距离比受力点和作用点的距离远，所以用很小的力气就可以剪断树枝。

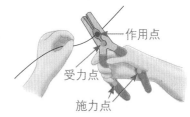

▲ 铁钳中施力点和受力点的距离比受力点和作用点的距离远，所以用很小的力气就可以剪断铁丝。

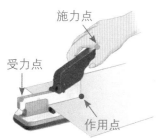

▲ 大型订书机中，施力点和受力点的距离比受力点和作用点的距离远，所以用很小的力气就可以将纸装订好。

▲ 开瓶器中施力点和受力点的距离比受力点和作用点的距离远，所以用很小的力气就可以把瓶盖掀起。

▲ 打孔器中施力点和受力点的距离比受力点和作用点的距离远，所以用很小的力气就可以在纸上打孔。

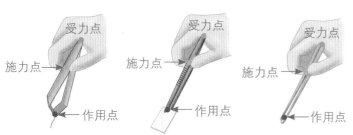

▲ 镊子、筷子等物品施力点和受力点的距离比受力点和作用点的距离要近，所以需要用到较大的力气。夹起的东西一般较小，需要较大的力气在一定程度上提高了夹起物体的准确性。

▲使用铅笔时，施力点和受力点的距离比受力点和作用点的距离要近，这在一定程度上提高了写字的准确性。

通过调查得出的结论 杠杆中施力点、受力点和作用点的距离不同，需要用到的力量大小也不同。很多生活常见的工具都用到了杠杆的原理，大部分都是施力点和受力点的距离比受力点和作用点的距离远，因此人们只需较小的力气就可以达成目的。但也有的情况正好相反，人们需要较大的力气，以提高准确度，达到目的。

定滑轮指的是使用时轴的位置固定不动的滑轮，动滑轮指的是拉动物体时，跟随物体一起运动的滑轮。下面让我们一起通过实验来了解滑轮给我们的生活带来哪些好处吧。

准备材料 滑轮，弹簧，支架，夹子，200g秤砣，线，尺子

①把秤砣挂在弹簧上，用尺子测量这时弹簧的长度。

②把夹子安装在支架上后，把滑轮挂在夹子上。

③把线挂在滑轮上，线的一端与秤砣相连，另一端与弹簧相连。

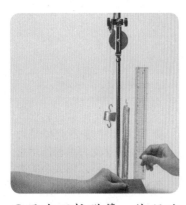

④用力下拉弹簧，使秤砣上升，用尺子测量弹簧的长度。

⑤在夹子上固定好一条线，将滑轮挂在线上，弹簧与线相连，然后将秤砣挂在滑轮上。

⑥往上拉动弹簧，使秤砣上升，用尺子测量这时弹簧的长度。

结果

种类	弹簧的长度	力的方向
弹簧下面直接挂有秤砣时	20cm	上方
使用定滑轮时	20cm	下方
使用动滑轮时	14cm	上方

参考 测量弹簧的长度就是测量举起秤砣所用到的力量大小。

◀ 将秤砣直接放在弹簧下面用到的力量，与使用定滑轮用到的力量相等，但力的方向正好相反。而使用动滑轮，使用较小的力量就可以使秤砣上升。

通过实验得出的结论 使用定滑轮时虽没有力量变化，但力的方向发生了变化。而使用动滑轮与没有使用滑轮时相比，移动物体所需的力量变小了。使用滑轮可以轻松举起较重的物体。

使用滑轮具有能够变换力的方向或所需力量变小的好处。下面让我们用杠杆的原理来说明使用滑轮所带来的好处吧。

▲ 如上图所示的杠杆中，在施力点向下施力的话，位于作用点的物体会上升。而且由于施力点和受力点的距离，与受力点和作用点的距离相同，所以没有力量的变化。

▲ 如上图所示的杠杆中，在施力点向上施力，位于作用点的物体也会跟着上升。而且施力点和受力点的距离，比受力点和作用点的距离远，所以用较小的力量就可以将物体举起。

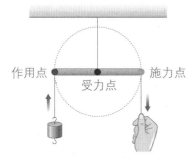

▲ 定滑轮与秤砣相接的部分为作用点，滑轮的中心为受力点，手拉住绳子的地方为施力点。因此下拉绳子使秤砣上升的力量，与不使用滑轮使秤砣上升所用的力量相同。

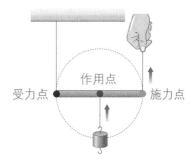

▲ 动滑轮与秤砣相接的部分为作用点，动滑轮一端的端点为受力点，手拉住绳子的地方为施力点。因此使用更小的力量就可以使秤砣上升。

通过调查得出的结论 用杠杆的原理就可以解释滑轮的原理。定滑轮中受力点位于作用点和施力点之间，所以施力点用力的方向和秤砣移动的方向相反。而动滑轮中作用点位于施力点和受力点之间，所以使用较小的力量就可以使秤砣上升。这时施力点用力的方向和秤砣移动的方向相同。

科学家的眼睛

轮轴

由两个轮组成，围绕共同轴线旋转的机械叫作轮轴。将物体放在内轮，力量施在外轮时，用较小的力量就可以移动物体。轮轴的原理也可以用杠杆的原理来解释，上述情况中，施力点和轮轴的中心，即和受力点的距离变远，而作用点和受力点距离变近，因此使用较小的力就可以移动物体。利用轮轴原理的工具有扳手、螺丝刀和开罐器等。

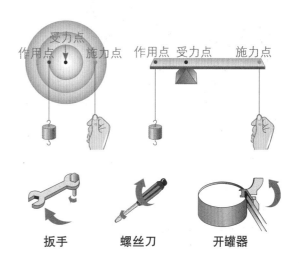

扳手　　　螺丝刀　　　开罐器

在我们身边，为了省力，有哪些物品使用了滑轮呢？下面让我们一起来了解使用了滑轮的物品吧。

准备材料 利用了滑轮原理的物品照片和相关资料

▲ 电梯为了改变力的方向使用了定滑轮。

▲ 国旗旗台处为了使国旗上升时改变力的方向使用了定滑轮。

▲ 在球网的固定处为了改变力的方向使用了定滑轮。

▲ 百叶窗的上方为了改变力的方向使用了定滑轮。

▲ 起重机使用了动滑轮，以用更小的力气举起物体。

▲ 滑雪场的缆车中，为了移动缆车而使用了定滑轮。

通过调查得出的结论 我们可以在身边找到很多使用了滑轮的物品。使用定滑轮以改变力的方向的有电梯、国旗旗台、球网的固定处、百叶窗、辘轳、缆车等，使用动滑轮以达到省力效果的有起重机等。

朝鲜正祖时期，在修筑水原华城的时候，使用了实学家丁若镛制造的举重机。举重机的使用不仅大大节省了建造的时间和费用，更减少了因建造而造成的人员伤亡数。下面让我们一起来了解举重机的原理吧。

准备材料 有关举重机原理的照片和资料

能量·能量与工具

◀ 举重机的上方有四个定滑轮，下方有四个动滑轮。左右各一个大型定滑轮和纺车。

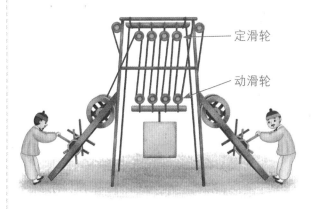

定滑轮

动滑轮

◀ 同时转动两边的纺车，绳子受力后，沉重的石头开始移动。其中利用了动滑轮个数越多，用的力越小的原理。

通过调查得出的结论 建造水原华城的时候使用的举重机由定滑轮和动滑轮组成。由于使用了多个动滑轮，所以搬运石头时大大节省了人力。由于举重机的使用，不仅节省了时间和费用，更减少了石头掉落砸伤人的可能性。

科学家的眼睛

会飞的椅子

西方历史中也有关于使用滑轮的记载。其中之一便是法国路易十五世使用的"会飞的椅子"。它的功能与现代的电梯相似，当时被用在法国的宫殿中。观察它的构造会发现，它由一个保持重量平衡的设备和滑轮构成。当国王给出指示后，人们就会上升或下降"会飞的椅子"。拿破仑还把它与王妃的椅子固定在一起，这样王妃不用走楼梯，就可以上楼或下楼。

货车为了装载货物会使用斜面。下面让我们通过实验来了解斜面有哪些好处吧。

准备材料 长木板，短木板，实验用小车，弹簧，尺子，箱子

← 弹簧

← 小车

①将小车挂在弹簧上，用尺子测量弹簧的长度。

木板

②将短木板的一端放在箱子上，制造一个斜面。

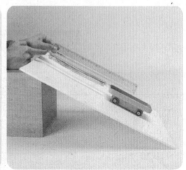

③将小车挂在弹簧上，然后把小车放在斜面上，测量这时弹簧的长度。

④将长木板的一端放在箱子上，制造一个斜面。

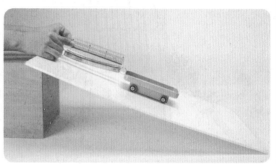

⑤将小车挂在弹簧上，然后将小车放在斜面上，测量这时弹簧的长度。

结果

种类	弹簧的长度
小车直接挂在弹簧上面时	25cm
短木板（斜面较陡时）	20cm
长木板（斜面较缓时）	15cm

◀ 使用斜面牵引小车时，弹簧的长度会变短。也就是说，使用斜面的话，我们所用的力气会变小。而且坡越缓，所用的力气越小。但是物体移动的距离也会因此变长。

注意 斜面的坡度变换时，应该注意箱子的高度不变。箱子的高度如果出现变化，就无法准确比较不同斜面下牵引小车所需的力量大小。

通过实验得出的结论 斜面越缓和，拉动物体所需的力气越小。不过物体移动的距离也会增加。在利用斜面拉动物体时，如果想要用的力气变小，需要使斜面特别缓和。

我们身边的斜面

利用斜面原理的一个典型物体便是螺丝钉。直接钉钉子时，需要用锤子或其他工具用力钉。而钉螺丝钉时，不需要用锤子和较大的力气，转动螺丝帽就可以将螺丝钉钉进去。由于螺丝钉利用了斜面原理，所以使用时十分省力，但是移动距离相对普通的钉子变长了。

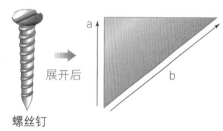

展开后

螺丝钉

由于斜面可以省力的优点，用于砍削或钻孔的工具中也有很多用到了斜面。如斧头使用到了斜面原理，如果斧面是直线而非斜面，在砍削物体时需要使用更大的力气。除了斧头，剪刀的刀面、普通刀的刀面、钉子或图钉的尖端都使用了斜面。

斧头

剪刀

刀

钉子

图钉

我们也可以看到生活中实际存在的斜面。在山上修建的公路一般为曲折迂回形。虽然与直线形的公路相比，这种公路的距离更长，但更加省力。一些建筑物前面，为了方便轮椅出行而设置了斜面。这时轮椅路的坡度越缓，走完这段路所需的力气越小。通往地下停车场的路，或者分别位于两层的停车场之间的路，也用到了斜面。货车装载货物时，也用到了斜面，以达到省力的目的。

曲折迂回的山路

轮椅路

停车场的斜面

装载货物时用到的斜面

能量·能量与工具

能量

什么是能量? 能量有什么作用, 又有哪些种类呢?

85 实验 玩具汽车移动需要哪些能量

能量是物质运动的量化转换。下面让我们来一起了解让玩具汽车移动需要的是哪种能量吧。

准备材料 各种玩具汽车, 干电池, 箱子, 木板

▲ 把电池安装在玩具汽车上后, 汽车移动的话, 利用的是电能。

▲ 将玩具汽车后拉, 然后松开, 汽车向前开动, 利用的是弹性能量。

▲ 制作斜面, 汽车从上往下开动, 用到的是势能。

▲ 用手推动汽车, 使汽车前移, 用的是动能。

通过实验得出的结论 玩具汽车移动需要**能量**的作用。能量的种类有动能、势能、电能、热能、光能、声能、弹性能量等。

科学家的眼睛

能量的种类

动能

势能

光能

电能

声能

热能

寻找我们身边用到能量的物品，了解这些物品用到了哪种能量。

▲ 电脑用到了电能、光能和声能。

▲ 壁炉通过燃烧木材（化学能）获得光能和热能。

▲ 瀑布的水具有势能和动能。

▲ 电风扇使用了电能和动能。

▲ 抛在空中的篮球具有动能和势能。

▲ 电熨斗具有电能和热能。

▲ 奔跑的儿童具有动能。

▲ 火花具有光能和热能。

▲ 过山车具有动能和势能。

▲ 火箭具有动能和势能。

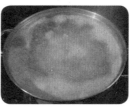

▲ 开水具有热能。

▲ 开动的汽车具有动能。

▲ 射箭用到了弓的弹性能量。

▲ 机械闹钟用到了弹性能量。

▲ 电灯泡具有电能和光能。

▲ 洗衣机利用了电能和动能。

通过调查得出的结论 在生活中可以寻找到很多用到各种能量的物体。这些物体很多都用到了两种以上的能量，如电视机用到了电能、光能和声能。

能量・能量与工具

能量的种类不只有一种，能量具有很多种，它们之间可以相互转换。下面让我们通过实验来了解能量转化的现象吧。

准备材料 钢珠，小鼓，吹风机，电水壶

①摩擦手掌后，把两手放在脸颊上，体验有哪些感受。

结果

▲手掌变热。
摩擦手掌后，动能转换成了热能。

②小鼓上面落下钢珠，观察有什么现象发生。

结果

▲小鼓发出声音。
钢珠在掉落过程中势能转成动能，碰到小鼓后，变成了声能。

③打开吹风机，观察有什么现象发生。

结果

▲有风出现。变热。有声音出现。
电能转换成了动能、热能和声能。

④把水倒入电水壶中，打开电源，观察有什么现象发生。

结果

▲水烧开。
电能转换成了热能。

通过实验得出的结论 各种能量不是一成不变的，在特定条件下它们会相互转换。这种现象叫作**能量转换**。能量在转换时，不只会从一种转换成另一种，还有可能同时转换为很多种，或者经历了几个阶段的转换。

科学家的眼睛

能量转换

能量种类发生变化的现象叫作**能量转换**。电水壶中的水之所以会变热，是因为电能转换成了热能。钢珠掉落在小鼓上发出声音，是因为在掉落过程中，势能转换成了动能，而在钢珠接触到小鼓的瞬间，动能变成了声能。

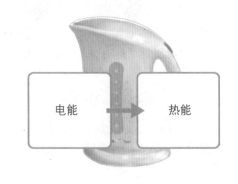

电能 → 热能

能量·能量与工具

有时候能量只出现了一次转换，也有时候能量经过了多个阶段的转换。下面让我们一起来寻找身边有哪些能量转换的现象吧。

▲ 过山车在刚开始时利用电能向高处移动。在这个过程中，电能转换成势能。

▲ 过山车到达最高处往下降时速度变快。这时势能转换成动能。

▲ 过山车再次往高处运行的时候，速度变慢。这时动能转换成势能。

▲ 吸尘器的电能转换成动能以吸走灰尘。

▲ 电暖炉由电能转换成热能，使周围变暖和。

▲ 太阳能电池将太阳的光能转换成电能。

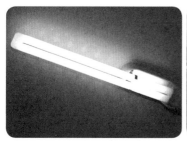

▲ 荧光灯将电能转换为光能。

▲ 水电站大坝中的水放出时，势能转换成动能，动能又转换成了电能。

▲ 风力发电站将风的动能转换成电能。

▲ 电视将电能同时转换成光能和声能。

通过调查得出的结论 过山车经历了多个阶段的能量转换，位于高处的过山车具有势能，在下降过程中，势能使过山车的速度加快。速度变快的过山车具有动能，动能使过山车爬到高处。为了达到某种目的，物体的能量会从一种形式转换成其他形式。能量在转换过程中，只会发生形式的变化，总量不变（**能量守恒定律**）。

利用太阳能，可以在没有天然气或电能的情况下把水烧开或者加热食物。下面让我们来尝试制作烹饪机吧。

准备材料 两个大小不一致的箱子，隔热材料，锡纸，复写纸，塑料膜，刀子，胶带，线，螺钉，黑色的碗

①将两个箱子的上面和一个侧面如图所示剪切下来。

②在两个箱子的内侧贴一层锡纸。

③在内箱的外侧贴一层复写纸。

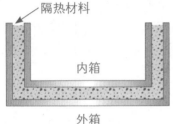

④在外箱的内侧铺上隔热材料，然后将内箱放进去。

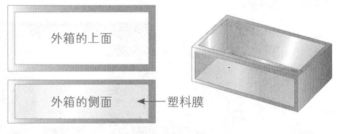

⑤通过剪切，使外箱的上面和侧面与内箱的相一致。侧面用塑料膜封好。

⑥将两个箱子侧面和上面的相交处封好。

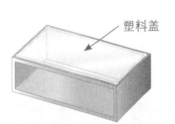

⑦用塑料盖将外箱的上面盖住。

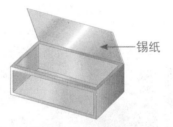

⑧在侧面贴一个塑料盖大小的锡纸，制作成反射板。将反射板下拉，使其在箱子的上面。

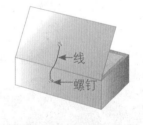

⑨在箱子的后面和反射板的后面用线和螺钉连接，调整反射板的角度。

⑩黑色的碗中盛水放在箱子中。

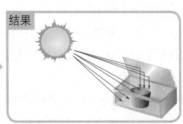

▲放在向阳处，水的温度上升。

通过实验得出的结论 太阳能烹饪机利用反射板吸收太阳能，使水或食物的温度升高。烹饪机应该放在向阳处。使用太阳能，具有无污染、资源丰富的优点。

下面让我们利用能量转换，制作可以加热食物或水的烹饪机吧。

准备材料 放大镜，三脚架，镜子，纸杯，黑色纸，温度计，支架，夹子

①纸杯的底端贴一张黑纸。

②把纸杯放在三脚架上。

③把水倒入纸杯中。

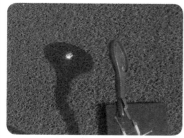

④在支架上安装放大镜，确认放大镜聚光的位置。

⑤在聚光处放一面镜子。

⑥为了使镜子把光反射到纸杯上，调整三脚架的位置。然后确认光是否反射到了纸杯下面的黑纸上。

结果

▲ 放大镜聚到的光能会使水的温度上升。

通过实验得出的结论 利用放大镜聚光能将纸点燃的特性，可以制作能够烧开水的烹饪机。为了使放大镜聚到的光汇聚到纸杯上，可以利用镜子的反射作用。在这个烹饪机中，太阳能会转化为热能。

无论做什么事情都需要能量。如果没有了能量，我们的生活会怎么样呢？下面让我们一起来了解节约能量的原因和方法吧。

节约能量的原因

◀ 如果能制造电能的资源耗尽的话，我们就不能使用电视、收音机、电脑等电器用品了，晚上也没有电灯，这会给我们的生活带来很大的不便。

◀ 如果汽车的动力来源石油和天然气等能源耗尽的话，我们就再也不能乘汽车了，再远的路也只能走着去。

节约能源的方法

  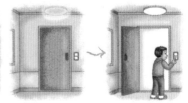

▲ 较近的距离走着去或骑自行车去。

▲ 如果去三层以下，不乘电梯，而是走楼梯。

▲ 人走关灯。

▲ 一个人出门时，乘坐公共交通，而不是自己开车。

▲ 根据锅的大小调整煤气灶的火焰大小。

▲ 不使用电器时拔下插头。

通过调查得出的结论 为我们提供能量的资源并不是无限的。如果不节约能量，等到资源用尽的时候，我们的生活会出现很大的不便。煤炭等能源总有一天会枯竭，而能量是我们生活所不可或缺的，因此我们一定要节约能量。为了节约能量，我们要努力将上述方法应用到我们的生活中。

节约能量的各种政策

政府为了节约能量，倡议民众使用能源利用率高的产品。能源利用率指的是使用同样多的能量时的实际利用率。

白炽灯在消耗电能转化成光能的过程中，能源利用率只有5%，属于低效率电器。因此政府宣布禁止使用白炽灯泡，建议大家使用耗能低的LED灯泡。由于这项政策的颁布，原来的灯泡式信号灯逐渐被LED信号灯代替，汽车的尾灯也不再使用白炽灯泡，而是使用LED灯。

为了使遥控器随时打开电视，电视长期处于通电的状态。很多电器在实际生活中虽然没有使用，但都处于待机通电状态。在待机状态下，电器仍在消耗电量，如遥控器的信号待机、屏幕的显示等都会浪费电量，因此也被称为"电量吸血鬼"。

因为待机要缴纳的费用在韩国每年都达到了5000亿韩元。因此韩国政府制定政策，要求电器上要标注出待机消耗电量提示。如果待机消耗电量在标准线以上，则会在电器上贴有警告。韩国政府在2004年继美国和澳大利亚之后还颁布了一项政策，规定从2010年开始所有电器待机消耗量必须在标准线以下，以减少因待机带来的电量浪费。2010年6月，韩国颁布能量节约政策，规定能量耗费较高的586个建筑物中，温度应该保持在26℃，如不遵守则会处以罚金。

电灯泡式信号灯

LED信号灯

使用LED的汽车尾灯

!
本产品根据能量利用合理化法未达到待机电力低耗标准。

待机电力警告标示

图书在版编目（CIP）数据

少儿科学实验全知道. 3 ／（韩）梁一镐编著；邢青青译.
－－ 北京 ：北京联合出版公司，2014.7
（我的小小科学实验室）
ISBN 978-7-5502-3225-9

Ⅰ．①少… Ⅱ．①梁… ②邢… Ⅲ．①科学实验－少儿读物
Ⅳ．①N33-49

中国版本图书馆CIP数据核字(2014)第143333号
版权登记号：01-2014-3305

한 권으로 끝내는 교과서 실험관찰 5 학년
Copyright © 2011 by Yang Il-Ho
All rights reserved.
Simplified Chinese copyright © 2014 by BEIJING ZITO BOOKS CO., LTD.
This Simplified Chinese edition was published by arrangement with
BOOK21 Publishing Group through Agency Liang.

少儿科学实验全知道 ③

〔韩〕梁一镐／编著　　邢青青／译

丛书总策划／黄利　监制／万夏

责任编辑／徐秀琴　宋延涛

特约编辑／康洁　杨文

编辑策划／设计制作／**奇迹童书**　www.qijibooks.com

北京联合出版公司出版
（北京市西城区德外大街83号楼9层　100088）
北京瑞禾彩色印刷有限公司印刷　新华书店经销
265千字　787毫米×1092毫米　1/16　32.25印张
2014年7月第1版　2014年7月第1次印刷
ISBN 978-7-5502-3225-9
定价：119.60元（全四册）

奇迹童书·有爱有梦想

科 普

我是物理王
定价：79.6元（全4册）
出版社：北京联合出版公司

我是化学王
定价：79.6元（全4册）
出版社：北京联合出版公司

我是生物王
定价：79.6元（全4册）
出版社：北京联合出版公司

最美的自然图鉴
最美的自然图鉴·树木
最美的自然图鉴·鸟类
最美的自然图鉴·昆虫
最美的自然图鉴·野草
定价：192元（全4册）
出版社：北京联合出版公司

我的自然观察笔记
海滩，你还好吗？
知了，你在做什么？
大树长大时，发生了什么？
感谢你，大树医生！
定价：128元（全4册）
出版社：北京联合出版公司

昆虫记（大奖版）
定价：218元（全8册）
出版社：旅游教育出版社

我的课外观察日记（第1季）
我的郊外观察日记
我的河流观察日记
我的后院观察日记
定价：79.90元（全3册）
出版社：北京联合出版公司

我的课外观察日记（第2季）
欢迎来池塘玩儿
欢迎来野生动物医院
豹猫特工队
定价：59.90元（全3册）
出版社：北京联合出版公司

我的课外观察日记（第3季）
一起来田园吧！
一起看野花吧！
定价：69.90元（全2册）
出版社：北京联合出版公司

法布尔植物记（最美手绘版）
定价：49.9元（全2册）
出版社：北京联合出版公司

法布尔植物记（精装珍藏版）
定价：59.8元
出版社：北京联合出版公司

疯狂的百科
课本里学不到的科学
定价：38元
出版社：北京联合出版公司

疯狂的百科
课本里学不到的历史
定价：64元（全2册）
出版社：北京联合出版公司

成长励志

儿童卡内基励志系列
女孩百科
定价：248元（全10册）
出版社：江西科学技术出版

女孩创意能力课外训练
女孩生存能力课外训练
定价：29.8元／册
出版社：江西科学技术出版社

成长励志

男孩生活能力课外训练
男孩动手能力课外训练
定价：19.9元／册
出版社：江西科学技术出版社

男孩观察能力课外训练
男孩创意能力课外训练
定价：19.9元／册
出版社：江西科学技术出版社

男孩生存能力课外训练
定价：19.9元／册
出版社：北京联合出版公司

"爱读"每天为您分享好书，精选书摘
扫一扫，加入爱读，收听精彩生活

看其他好书请关注
紫图微博：@紫图图书（每日关注，阅读精彩）
名牌志微博：@名牌志BRAND
奇迹童书微博：@奇迹童书

《永恒纪念版》 至真至美的大师作品 触动幼小的心灵世界

诵读名家经典 启迪文学创作
名篇精选+精彩导读+全彩手绘插图=永恒纪念版

朝花夕拾
出版社：北京联合出版公司
定价：24.8元

繁星·春水
出版社：北京联合出版公司
定价：24.8元

故乡
出版社：北京联合出版公司
定价：24.8元

荷塘月色
出版社：北京联合出版公司
定价：24.8元

小桔灯
出版社：北京联合出版公司
定价：24.8元

伊索寓言
出版社：吉林出版集团
定价：29.80元

格林童话（全3册）
出版社：旅游教育出版社
定价：75.00元

安徒生童话（全3册）
出版社：旅游教育出版社
定价：118.80元

一千零一夜（全3册）
出版社：北京联合出版公司
定价：98.00元

爱丽丝梦游仙境
出版社：北京联合出版公司
定价：29.90元

木偶奇遇记
出版社：北京联合出版公司
定价：29.90元

彼得·潘
出版社：北京联合出版公司
定价：29.90元

绿野仙踪
出版社：北京联合出版公司
定价：29.90元

小王子
出版社：时代文艺出版社
定价：29.80元

假如给我三天光明
出版社：北京联合出版公司
定价：29.90元